KB159391

세포 짠 DNA 쏙

북적북적 생명 과학 수업

세포 짠

DNA 쏙

북적북적 생명 과학 수업

지은이 신인철 한양대학교 생명과학과 교수

나무를 심는 사람들

 **프롤로그**

여러분은 이 책을 어떻게 선택하게 되었나요? 내용이 재미있을 것 같아서 서점에서 직접 골랐나요? 아니면 부모님께서 사 주시거나 학교 선생님의 추천 도서로 알게 되었나요? 제가 이런 질문을 드리는 이유는 여러분이 이 책에서 다루고 있는 흥미 있는 과학을 접하게 되는 경로가 궁금해서입니다. 사실 과학은 꾸역꾸역 공부하기보다는 신나게 놀면서 익혀 나가야 합니다. 이 책이 부모님이 사 주셔서 학교 공부에 도움이 될까 봐 억지로 읽는 책이 아니고, 재미있을 것 같아서 여러분이 직접 집어든 책이었으면 하는 것은 저의 욕심일까요?

과학을 공부하는 이유는 '재미가 있기 때문'입니다. 과학자들이 생명 과학과 같은 순수 과학을 연구하는 근본적인 까닭은 인류의 건강에 도움을 주는 신약을 개발하기 위해서도 아니고, 동료 연구자가 부러워하는 좋은 논문을 내어 연구비를 많이 받아 뽐내기 위함도 아닙니다. 그저 그전에는 몰랐던 과학적 사실을 실험이나 깊은 생각을 통해서 하나하나 알아 나갈 때 느끼는 기쁨을 누리기 위해서이지요.

과학은 그러한 호기심에서 출발하였고, 과학자들이 자연 현상에 대한 의문에 논리적으로 답한 것들이 지식이라는 형태로 오랜 역사를 통해 쌓여 가게 되었지요. 이와 동시에 인류는 과학이

축적해 놓은 방대한 지식을 바탕으로 공학, 의학, 약학과 같은 실용 학문을 발전시키게 되었습니다.

과학 중에서도 생명 과학은 흔히 암기 과목, 수학을 못하면 선택하는 과학으로 잘못 인식되고 있습니다. 생명 과학의 여러 세부 분야의 내용을 학교에서 공부할 때는 잡다한 내용이 많고 논리적인 설명이 부족하여 자칫 재미없고 지겨운 암기 과목으로 느껴질 수 있습니다. 또한 변별력 있는 평가를 위해서 출제자들이 만들어 낸 너무 어려운 몇몇 시험 문제 때문에 오히려 생명 과학에 대한 흥미를 잃을 수도 있다고 생각합니다.

이 책은 여러분이 생명 과학의 여러 분야에 대한 근본적인 흥미를 끌어낼 수 있도록 엮었습니다. 제가 직접 그린 만화와 함께 읽다 보면 그동안 미처 느끼지 못했던 생명 과학의 재미를 느낄 수 있을 것입니다. 다른 자연 과학 분야에 비해서 생명 과학은 만화를 이용하여 원리를 설명하기에 아주 적합한 학문입니다. 만화 속에서 살아 숨 쉬는 생물들, 생물을 이루는 세포, 세포를 이루는 여러 분자들이 나누는 말풍선 속의 대화를 보면서 생명 과학이 재미있게 가지고 놀 수 있는 공부라는 것을 독자 여러분이 느낄 수 있다면 좋겠습니다.

차례

5장

생물의 다양성과 진화

6장

생명 과학이 건강에 도움이 될까?

7장

생명 과학의 현재와 미래

1장

생명체가 지구를
선택한 이유는?

1

원시 지구에서는 무슨 일이 일어났을까?

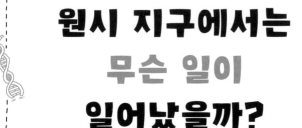

생명 과학을 공부하는 학생이나 학자들이 가장 궁금하게 생각하는 근본적인 질문은 지구상에 존재하는 수많은 생명체들의 기원입니다. '지구상에 생명체가 어떻게 탄생하게 되었을까?'라는 질문에 대해서는 지금도 과학자들은 모든 사람들을 만족시키고 많은 논란을 잠재울 수 있는 완벽한 답을 내어놓지 못하고 있습니다. 다만 여러 가지 증거를 참조해 보았을 때 조그만 분자들이 모이고 모여서 단백질이나 핵산과 같은 거대 분자를 만들게 되고, 또 이러한 거대 분자들이 모여서 지구 최초의 세포가 만들어졌다는 이야기가 정설로 받아들여지고 있지요. 지구상에 최초로 나타난 생명체는 지금 우리 주변에 살고 있는 박테리아처럼 단세포 생물이었습니다. 이러한 단세포 생물로부터 우리 사람과 같이 고등한 다세포 생물이 진화를 통해 지구에 나타나게 된 것이지요.

》하나의 작은 점이 펑 터져서 《 우주가 되다니

지구상에 생명체가 나타나게 된 과정을 알기 위해서는 지구 위에 살아 있는 세포가 등장하기 훨씬 전 이야기부터 시작해야 할 것 같아요. 네, 그러니까 지구가 만들어지고 난 후 얼마 안 되었을 때의 이야기 말이에요. 아, 지구가 어떻게 만들어졌는지 그것도 알고 싶다고요? 그것은 생명 과학보다는 지구 과학이나 천체 물리학 분야에 해당하는 거니까 그쪽에서 얘기하는 것이 맞지만 잠시 살펴보고 지나가지요.

아주 예전에 우주의 모든 질량은 하나의 작은 점에 모여 있었다고 하지요. 잘 상상이 안 되지요? 그렇다면 작은 점 바깥에는 도대체 무엇이 있었을까요? 그건 아무도 몰라요. 아무튼 작은 점에 모여 있던 우주의 모든 질량은 약 137억 년 전에 빅뱅(Big Bang)이라는 대폭발에 의해 팽창하는 우주 전체로 흩어지게 되고, 그렇게 팽창하여 생성된 우주는 지금도 점점 더 가속 팽창하고 있지요.

우주 전체로 흩어진 우주 먼지들이 뭉쳐서 우주의 한쪽 작은 구석에 은하계, 그리고 그 은하계의 한쪽 구석에 우리의 태양과 태양계의 행성들이 생겨나게 되었습니다. 갓 태어난 따끈따끈한 원시 지구는 용암의 바다 같은 형태에서 점점 식어 얇은 지각(지구 표면)을 갖게 되었고, 그 후 지금으로부터 약 38억 년 전 원시 지구에는 많은 비가 내리게 되어 바다가 생성되었지요.

》최초의 생명이《
탄생한 곳은 바다라고?

지구상에 생명이 탄생하게 된 과정에 대한 가설은 여러 가지가 있지만 그중 바다에서 생명이 탄생했다는 설들이 가장 유력하게 받아들여집니다. 그러면 바다에서 지구 최초의 생명이 탄생하였다는 가설들에 대하여 알아볼까요? 첫 번째 가설은 '원시 수프 가설'이라고 부르는 것입니다. 생명체가 탄생하기 전의 원시 지구의 구성 성분은 수증기(H_2O), 메탄(CH_4), 암모니아(NH_3), 수소(H_2)였다고 하지요. 이러한 원시 지구의 구성 성분 분자들은 그 분자식에서 알 수 있듯이 적은 개수의 원자로 이루어진 작은 분자들이에요. 예를 들어 수증기는 수소 원자 두 개와 산소 원자 한 개로 이루어져 있고 암모니아는 질소 원자 한 개와 수소 원자 세 개로 구성되어 있지요.

하지만 세포를 구성하려면 단백질이나 핵산과 같은 거대 분자가 만들어져야 해요. 단백질은 20가지의 서로 다른 아미노산들이 마치 구슬을 꿰어 목걸이를 만들 듯이 일렬로 쭉 연결되어 생성돼요. 사람의 세포를 구성하는 단백질은 평균적으로 380개 정도의 아미노산이 연결되어 만들어져요. 20가지의 아미노산은 각각 다르지만 평균적으로 19.2개의 원자로 이루어져 있어요. 자, 이제 쉽게 계산해 볼 수 있지요? 우리의 세포에 있는 거대 분자 단백질은 평균적으로 380 × 19.2 = 7,296개의 원자로 이루어져 있어요.

그러면 원시 지구에 존재하던 원자 서너 개로 이루어진 분자들이 단백질과 같은 거대 분자를 이루려면 어떻게 해야 할까요? 네, 맞아요. 서로서로 결합해서 좀 더 큰 분자를 형성해야 해요. 단백질이 만들어지려면 단백질을 이루는 구성 성분인 아미노산이 먼저 만들어져야 하므로 원시 대기의 분자들이 모여서 아미노산과 비슷한 분자들을 만들었을 것이라고 과학자들은 추정해요.

작은 분자들이 모여서 큰 분자가 만들어지는 과정은 마치 레고 블록을 끼워 맞추어 커다란 모형을 만드는 것과 비슷합니다. 여러분은 블록 장난감을 가지고 논 적이 많지요? 블록을 조립하여 큰 모형을 만들려면 무엇이 필요한가요? 블록을 만지는 손가락과 블록을 보는 눈, 그리고 블록을 어떻게 조립할지를 생각하는 두뇌를 작동하기 위한 에너지가 필요하겠지요? 밥을 며칠 동안 못 먹어서 힘, 즉 에너지가 없으면 블록 조립도 당연히 하지 못할 것입니다. 블록의 예시와 마찬가지로 작은 분자를 붙여서 큰 분자를 만드는 과정에는 반드시 에너지가 필요해요.

》 번개가 쳐서 《
아미노산이 만들어졌다고?

'원시 수프 가설'은 작은 분자들이 모여서 큰 분자를 이루는 데 필요한 에너지를 원시 지구에 주야장천 번쩍이고 있던 번개가 쳤다고 설명해요. 번개의 전기 에너지를 통해 작은 분자들이 결합하여 큰 분자인 아미노산 등을 만들었다는 것이지요. 이러한 가설을 증명하기 위해 1953년 미국 시카고 대학의 스탠리 밀러와 해럴드 유리가 아주 유명한 '밀러의 실험'을 수행했습니다.

이들은 원시 지구 대기의 구성 성분인 물(H_2O), 메탄(CH_4), 암모니아(NH_3), 수소(H_2)를 섞어서 플라스크 안에 넣고 가열하며, 전극을 연결하여 불꽃을 일으켜서 번개가 치는 원시 지구와 유사한 상황을 만들었어요. 이때 가열에 의해 생성된 수증기는 다시 식어서 물이 되고 다시 수증기가 되는 과정이 반복되었어요. 일주일이 지나 플라스크 안의 내용물을 분석해 보던 이들은 깜짝 놀랐어요. 처음에 넣었던 분자들보다 훨씬 큰 분자들이 합성되어 있었던 것이에요. 더더욱 놀라운 사실은 그 분자들 중에 생명체를 구성하는 거대 분자인 단백질을 만드는 아미노산이 11종류나 포함되어 있었다는 것이지요.

과학의 발전은 많은 모방 실험에 의해서 이루어지기도 하지요. 사과가 나무에서 떨어지는 것을 보고 만유인력을 생각해 냈다

는 연구가 있었다면 사과뿐 아니라 오렌지도 떨어지고, 배도 떨어

진다는 연구도 할 수 있다는 것입니다. 실제로 1961년에 과학자

오로는 단백질과 더불어 생명체를 구성하는 중요한 거대 분자인

핵산, 즉 DNA와 RNA를 만드는 뉴클레오타이드의 구성 성분인

아데닌이라는 염기가 암모니아와 시안산(HCN)의 혼합물에서 만

들어졌다는 것을 보고하였어요.

》원시 수프 가설,《
심해 열수구 가설, 뭐가 맞을까?

이렇게 하여 만들어진 아미노산과 핵산의 구성 성분들이 다시 또 서로 결합하여 더 큰 분자인 단백질과 핵산이 만들어져서 이로부터 최초의 생명체가 만들어졌다는 것이 '원시 수프 가설'입니다. '원시 수프 가설'을 지지하는 '밀러의 실험'은 대부분의 교과서에 실릴 정도로 유명하지만 최근에는 또 다른 가설인 '심해 열수구 가설'이 지구상에 생명체가 태어나는 과정을 설명하기에 더 좋은 모델로 받아들여지고 있어요.

바다 깊은 해구에는 아직 식지 않은 땅속의 지열로 인해 뜨거운 물이 계속 솟아나고 있는데 이곳을 심해 열수구라고 불러요. 이곳에는 화산에서도 발생하는 황화 카르보닐(COS) 가스가 계속 새어 나오고 있다고 해요. 사실 '원시 수프 가설'에 의해 생겨난 아미노산들이 서로 모여서 단백질을 형성하는 과정을 실험으로 재현해 보려고 과학자들이 오랫동안 노력했지만 대부분 실패했어요. 그런데 불과 얼마 전인 2004년, 오르겔은 황화 카르보닐 가스를 아미노산 수용액에 처리하니 아미노산들이 서로 연결되는 것을 관찰하여 논문을 발표하였어요. 드디어 원시 지구에서 번개에 의해 생성된 아미노산들이 서로 연결되어 단백질을 형성하는 과정에 대한 실험적 증거가 생긴 것이지요.

우리가 알아본 두 가지 가설 이외에도 용암 가설, 진흙 촉매 가설, 작은 연못 가설 등 지구상의 생명의 기원에 대해서는 많은

생명체가 지구를 선택한 이유는?

가설이 존재해요. 어느 가설이 정말 맞는지에 대한 완벽한 답변을 할 수는 없어요. 다만 한 가지 확실한 것은 작은 분자들로부터 만들어진 단백질과 핵산들이 어떻게 서로 정교하게 결합하여 지구 최초의 살아 있는 세포를 이룰 수 있었는가에 대한 많은 추가적인 연구가 필요하다는 사실입니다. 현재 과학의 발전 속도를 볼 때 여러분이 과학을 직접 연구할 때가 되면 생명의 탄생에 대한 다음 단계의 비밀이 또 하나 밝혀져 있지 않을까요?

2

국물 먹는 생물,
빛을 먹는
생물이 있다고?

자, 앞에서 지구에 최초의 세포가 어떻게 태어나게 되었는지 알아보았지요? 그렇다면 최초의 단세포 생물은 과연 무엇을 먹고 살았을까요? 아, 생물이 왜 꼭 무엇을 먹어야만 하냐고요? 그렇다면 그 대답을 하기 위해 우선 살아 있는 생물의 특징부터 살펴보기로 하지요.

생물과 무생물의 차이는 무엇일까요? 우리 주변을 살펴보아요. TV나 컴퓨터, 스마트폰은 무생물이지요? 여러분 자신이나 가족, 그리고 여러분이 기르는 강아지나 고양이는 생물이지요? 이렇게 어떠한 대상을 지정하여 물어보면 쉽게 대답을 할 수 있어요. 하지만 생물과 무생물을 나누는 기준이 무엇인지 물어보면 대답하기가 쉽지 않지요? 여러분은 뭐라고 대답하겠어요?

살아 있느냐의 여부라고요? 그렇다면 살아 있다는 기준은 무엇인가요? 움직이면 살아 있는 것이라고요? 엄마가 새로 산 로봇 청소기는 혼자서 움직이지만 생물은 아니지요? 반면 아빠가 좋아하는 멍게는 동물이면서도 성체가 되면 움직이지 않고 한자리에 붙어서 지냅니다. 그렇다면 다른 기준은 무엇이 있을까요? 에너지를 소비하면 생물이고 에너지를 쓰지 않으면 무생물이라고요? 여러분이 십 분에 한 번씩 들여다보는 스마트폰은 아주 많은 에너지를 소비합니다. 하루라도 충전하지 않으면 다음 날 사용할 수 없지요. 하지만 이렇게 에너지를 쓰는 스마트폰을 아무도 생물이라고 부르지 않아요.

》 생물이냐, 무생물이냐? 《
물질대사가 중요해

이러한 이유로 생물과 무생물을 구분하는 좀 더 정확한 기준이 필요합니다. 생물과 무생물을 구별하는 기준 중의 중요한 하나는 물질대사의 여부입니다. 물질대사가 정확히 무슨 뜻이냐고요? 물질대사는 생명체를 이루는 세포에서 생명 현상을 유지하기 위하여 수행하는 일련의 화학 반응을 뜻합니다. 화학 반응에 의하여 하나의 물질이 다른 물질로 변하거나, 두 개의 물질이 합쳐져 하나의 물질로 되거나, 반대로 하나의 물질이 두 개 이상의 물질로 분해되는 반응들을 모두 생명체에서 일어나는 물질대사 과정에서 관찰할 수 있습니다.

물질대사는 또한 크게 동화 작용과 이화 작용으로 구분할 수 있어요. 동화 작용은 앞에서 말한 블록 조립 비유처럼 작은 분자들을 에너지를 써서 큰 분자로 만드는 과정을 뜻해요. 반면 이화 작용은 복잡한 큰 분자를 단순한 작은 분자로 분해하는 과정인데 이때 대개 에너지가 발생하게 되지요. 그래서 생명체는 이화 작용을 수행하여 살아가는 데 필요한 에너지를 만들고, 또한 필요한 여러 가지 물질들을 동화 작용을 통하여 만들면서 생존을 유지하지요. 이제 생물을 나누는 기준에 물질대사가 꼭 포함되어야 한다는 것을 이해하겠지요?

》 헤엄치면서 《
둥둥 떠다니는 분자를 먹었대

그렇다면 지구상에 최초로 태어난 단세포 생명체는 과연 무엇을 먹고 살았을까요? 여러분은 오늘 무엇을 먹었나요? 아침에는 빵과 우유, 점심에는 햄버거, 저녁에는 쌀밥과 된장국, 고등어구이를 먹었다고요? 밀로 만든 빵, 소고기로 만든 햄버거 패티, 콩으로 만든 두부와 된장, 쌀과 고등어, 모두 다른 생물로부터 얻은 먹거

리군요. 하지만 지구 최초의 생명체는 주변에 다른 생명체가 없어서 먹거리를 찾는 데 곤란을 겪었을 것 같다고요? 아마도 그렇지 않았을 것입니다. 최초의 생명체는 자기 주변에 둥둥 떠다니는 아미노산과 같은 분자들을 먹고 살았을 거예요.

앞에서 배웠던 '원시 수프 가설' 기억나지요? 원시 지구에서는 작은 분자들이 번개 에너지를 통해 큰 분자로 합성되었지요. 번개 에너지가 분자들 간의 결합 에너지로 바뀌어 좀 더 큰 분자에 저장된 것이지요. 여러분은 놀이공원이나 대형 매장에서 거대한 블록 모형을 보면 '이야~ 저거 만드는 데 엄청난 노력이 들었겠구나'라고 생각하죠? 그것과 마찬가지로 앞으로는 책이나 인터넷에서 커다란 분자의 모델을 보면 작은 분자들로부터 큰 분자로 조립해 나가는 데에는 많은 에너지가 필요하고, 반대로 그 큰 분자를 작은 분자로 분해하면 에너지를 다시 얻을 수 있다고 생각하면 맞아요. 지구 최초의 단세포 생명체는 그 구조가 간단하고 하는 일도 많지 않아서 주변의 적당히 큰 분자들을 분해하면서 생기는 에너지로 충분히 생존 가능했다고 과학자들은 유추하고 있어요. 이렇게 지구 최초의 생물은 자기가 풍덩 빠져 있는 '원시 수프'에서 헤엄치면서 그것을 마셔서 에너지를 얻었을 테니 '국물을 먹고 사는 생물'이라고 불러도 괜찮겠지요?

》 아하, 광합성! 《
빛 에너지 덕분이야

반면에 '빛을 먹고 사는 생물'은 무엇일까요? 빛을 먹고 사는, 즉 빛 에너지를 이용할 수 있는 생물은 국물을 먹고 사는 생물보다 조금 나중에 등장하였어요. 지구가 처음 생겨난 것은 약 46억 년 전이고, 국물을 먹고 사는 첫 번째 생물은 아마도 37억 년 전 즈음 지구에 태어났다고 추정하고 있어요. 빛 에너지를 먹고 사는 생물은 34억 년 전쯤 나타났다고 해요. 빛을 먹고 사는 생물은 지구에 쏟아지고 있는 모든 에너지의 근원인 태양의 빛 에너지를 이용하였지요.

이들은 빛 에너지를 모을 수 있는 색소를 가지고 있어서 빛 에너지를 이용하여 색소 안의 전자를 활성화시키는 방법을 택하였어요. 전자는 빛 에너지를 받아 자신의 에너지를 증가시킬 수 있어요. 빛 에너지를 먹고 사는 생물은 이렇게 태양 빛에 의해 에너지가 증가된 전자의 에너지를 효율적으로 추출하여 자기의 생존에 필요한 에너지도 만들고, 살아가는 데 필요한 커다란 분자도 합성하게 되었지요. 이 과정을 무엇이라고 부를까요? 빛을 이용하여 무엇인가를 '합성'하니까 바로 '광합성'이라고 부를 수 있겠지요? 우리 주변에 존재하는 광합성을 하는 모든 식물들의 공통된 조상이 바로 이때 지구에 출현한 것이지요.

3

다른 행성의
생명체도
물이 필요할까?

구름 한 점 없이 맑은 날 밤에 하늘을 보면 많은
별들이 보입니다. 대도시처럼 불빛이 밝은 곳이 아닌 한적한 시골
에 캠핑을 가서 하늘을 쳐다보면 정말 많은 별들을 볼 수가 있지
요. 우리가 관찰할 수 있는 별들은 대부분 지구와 같은 행성이 아
니라 태양과 같은 항성입니다. 태양과 유사한 별들이 저렇게 많은
데 그들의 주변을 맴도는 행성은 또 얼마나 많이 존재할까요? 이

렇게 평생을 세어도 셀 수 없을 만큼 많은 행성이 우주에 존재하는데 설마 우리 지구에만 생명체가 존재하는 것은 아니겠지요? 언뜻 생각해 보아도 이렇게 우주가 넓은데 우리 지구에만 생물들이 살아가고 있다면 엄청난 공간의 낭비가 아닐까 싶어요. 다른 행성에는 무생물만 있다고 생각하면 우주 전체가 너무나 심심할 것이잖아요.

》 화성에 《
운하가 있다고?

과학자들은 외계의 생명체를 찾기 위해 많은 노력을 기울여 왔어요. 지구와 가까운 화성에도 혹시 생명체의 흔적이 있는지 찾기 위해서 많은 연구를 진행하였지요. 우주 탐사가 활발히 진행되지 않았던 때에는 화성으로 탐사선을 직접 보낼 수 없었기 때문에 망원경 관찰에 의존하여 생명체의 존재 여부를 알아보았지요. 하지만 달에서 떡방아를 찧는 토끼가 설사 있다고 해도 망원경의 배율로는 관찰하기 어렵듯이 화성 위의 생명체도 직접 망원경으로 관찰하기는 힘들었겠지요?

생명체를 직접 관찰할 수 없다면 어떤 방법으로 생명체의 흔적을 찾았을까요? 여러분은 '화성의 운하'라는 것을 들어 보았나요? 이탈리아의 천문학자 스키아파렐리가 망원경으로 화성 위에서 줄무늬가 관찰되는 것을 보고하였고, 그 이후 몇몇 천문학자들이 이 줄무늬를 극지방의 얼음 녹은 물을 화성의 지적 생명체가 농업 용도로 사용하기 위해 판 운하라고 주장하여 많은 논란을 불러 일으켰어요. 하지만 나중에 화성 탐사선인 매리너 4호가 화성 표면의 사진을 찍어 보낸 후 이 줄무늬는 실제로 운하가 아니고 분화구라는 것이 알려져 논란에 종지부를 찍게 되었지요. 물은 얼음의 형태로 화성의 극지에 존재하지만 액체로는 거의 존재하지 않는다는 것 또한 밝혀졌어요.

그렇다면 과학자들이 이렇게 화성의 운하에 대해 집착한 이유는 무엇일까요? 물이 생명체의 존재에 필수 불가결하다고 믿어 왔기 때문이지요. 사실 지구상의 생명체는 바닷속에서 탄생하였고 물이 없었다면 다양한 생물들이 번성하기는 어려웠을 거예요. 왜 그럴까요? 우리는 너무나 당연히 물이 생명 유지에 필요하다고 생각하지만 잠시 그 이유에 대하여 알아보도록 해요.

》지구의 생명체는《
물을 용매로 선택했어

자연계에는 많은 종류의 용매가 있습니다. 용매란 어떤 물질을 녹이기 위해 사용되는 물질을 말하지요. 용매로 활용되는 물질에는 물도 있고, 자동차의 연료로 주로 쓰는 가솔린이나 디젤의 주성분인 탄화수소와 알코올도 있지요. 이러한 용매들 중 우리 지구의 생명체는 물을 생명의 용매로 선택하게 되었어요. 무슨 이야기냐고요? 우리를 비롯한 생물들은 모두 세포로 이루어져 있는데 세포는 일종의 3차원 수영장이라고 생각하면 돼요. 수영장에 가두어 놓은 물 안에 단백질, 핵산, 탄수화물 등 많은 분자들이 빽빽하게 모여서 헤엄치다가 서로 부딪쳐 반응을 일으키는 상황이지요. 그렇기 때문에 생명체에서 사용되는 대부분의 분자들이 물에 녹기 쉬운 성질을 가지고 있어요. 이러한 성질을 친수성이라고 해요.

반면 생명체는 물에 잘 녹지 않는, 즉 물하고 친하지 않은 분자도 필요해요. 물하고 친하지 않은 성질을 소수성이라고 하는데 대표적인 소수성 분자는 기름과 같은 지질이 있지요. 지질은 물과 섞이지 않는 성질 때문에 3차원 수영장인 세포의 울타리, 즉 세포막을 이루는 물질로 사용되어요.

생명체를 구성하는 중요한 분자인 단백질과 유전 정보를 가지고 있는 핵산 등이 대부분 수용성이기 때문에 모든 생명체는 생명의 용매로 물이 필요해요. 물 안에서 단백질, 핵산, 기타 다른 작은 분자들이 둥둥 떠다니다가 만나서 여러 가지 생명 유지에 필요한 화학 반응을 일으키기 때문에 생명 현상이 유지되는 것이지요. 또한 물의 중요한 역할 중 하나는 냉각수로서의 역할이에요. 물이 다른 용매에 비해 비열이 크다는 것을 알고 있나요? 물은 다른 용매에 비해 쉽게 뜨거워지거나 쉽게 식지 않기 때문에 열을 발생시키는 다른 물질을 식히는 데 아주 효과적인 용매예요. 우리 세포 안에서는 아주 많은 열을 내는 생화학 반응이 일어나고 있는데 만약 물 대신 다른 용매가 사용되었다면 체온이 너무 빨리 올라 생명 유지가 어려웠을 거예요.

》물 없이도 생명체가《
생겨날 수 있다고?

하지만 최근에는 꼭 물이 없어도 생명체가 태어날 수 있다는 의견이 과학자들 사이에서 조심스럽게 등장하고 있어요. 미국 플로리다 대학의 스티븐 베너 교수에 의하면 토성의 위성인 타이탄과 같은 춥고 건조한 환경에서도 생명체가 생겨날 가능성이 있다고 해요. 모든 가능성을 다 고려해 보면 꼭 지구와 같은 방식으로 분자들이 만들어지고 생명체의 법칙이 구현되어야만 할 이유는 없다는 것이지요. 지구상에서 생명의 용매로 물이 선택된 것처럼 다른 행성에서는 유기 용매가 생명의 용매로 사용되고, 지구상의 물질대사 과정과는 완전히 다른 화학 반응을 이용하는 생명체가 살고 있을 가능성을 배제할 수는 없다는 거예요.

지구에서는 생물을 이루는 분자들의 뼈대를 만들기 위해 탄소가 쓰이지만 외계의 생명체에서는 다른 원소가 쓰일 수도 있지요. 실제로 공상 과학 TV 시리즈 〈스타트렉〉의 한 에피소드에서 탄소 대신 실리콘을 사용하는 외계 생명체가 출연한 적이 있어요. 이를 좀 더 확대해서 생각하면 물 대신 비슷한 화학적 성질을 가진 암모니아가 생명의 용매로 쓰일 수도 있어요. 영하 180도 이하의 아주 추운 행성에서는 얼음으로 존재하는 물 대신 탄화수소인 메탄이나 에탄이 액체로 존재해요. 따라서 메탄이나 에탄으로 이루어진 유기 용매의 바다에서 유기 용매에 잘 녹는 물질들로부터 지구의 생명체와는 전혀 다른 대사 작용을 하는 생명체가 태어났을 가능성도 완전히 무시할 수는 없지요.

너무나 큰 우주에서는 우리가 상상할 수 있는 모든 일들이 다 일어날 수 있겠지요. 그보다 한술 더 떠서 우리의 머리로는 상상조차 할 수 없는 일들도 우주 어느 구석에서는 얼마든지 일어나고 있지 않을까요?

🐾 최초의 생명은 어떻게 태어났을까?

안녕! 나는 지구 최초의 세포야. 내가 도대체 어떻게 지구에 나타나게 됐는지 한번 같이 알아보자.

네가 우리의 조상이라고?

동물 세포　　식물 세포　　박테리아

세포가 생기기 이전의 지구는 화산이 빵빵 터지고 번개가 번쩍번쩍 치고 바다에 비가 줄줄 내리는 상황이었대.

이러한 상황에서 세포를 이루는 분자인 아미노산이 생겨날 수 있다고 이야기해.

그래서 밀러 박사가 원시 지구의 상황을 실험실에서 흉내 내 보았지.

저게 뭐니?

여기 플라스크 안에 원시 대기의 구성 성분을 넣고 전기 방전을 일으켰대.

번개를 흉내 낸 거군요.

2장

생명체를
이루는 세포

4

세포는
도대체
뭘까?

여러분은 지금까지 지구상에 생명체가 태어나게 된 과정과 생명체를 이루는 세포에 대하여 공부해 보았어요. 자, 그럼 처음에 세포가 어떻게 발견되었고 왜 세포라고 불리게 되었는지 알아보도록 해요. 세포를 처음으로 발견하고 '세포(cell)'라는 이름을 붙인 사람은 17세기 영국의 과학자 로버트 후크입니다. 1665년 직접 만든 현미경을 통해 코르크 조각을 관찰하던 후

크는 작은 방과 같은 구조를 발견하였어요. 마치 수도승들이 살던 작은 방처럼 보여서 후크는 그 작은 구조에 작은 방이라는 뜻의 단어인 'cell'이라는 이름을 붙였지요.

》 세포는 《
생물체를 이루는 기본 단위

사실 후크가 관찰한 세포는 살아 있는 세포는 아니었어요. 코르크 나무의 조직에서 죽은 세포의 형태만을 관찰한 것이지요. 최초의 살아 있는 세포의 관찰은 1674년에 이루어집니다. 안톤 류벤호크 라는 과학자가 조류(물속에서 사는 식물)의 일종인 스파이로자이라 의 살아 있는 세포를 최초로 관찰하게 되지요. 하지만 이때까지도 지금 우리들은 모두 상식으로 알고 있는 사실인 '모든 생물은 세 포로 이루어졌다'는 것을 과학자들조차 잘 알지 못하였어요.

19세기 초반, 동물 세포를 연구하던 테오도어 슈반과 식물 세 포를 연구하던 마티아스 슐라이덴은 세포에 관한 연구 결과를 토 의하고 있었어요. 슐라이덴이 식물 세포의 세포핵 구조에 대하여 설명하자 슈반은 깜짝 놀랐어요. 자신이 관찰한 동물 세포와 슐라 이덴이 관찰한 식물 세포 사이에 비슷한 점이 있다고 느꼈거든요. 두 사람은 슈반의 연구실로 급히 달려가 슈반의 세포 샘플을 같이 관찰하였지요. 동물 세포와 식물 세포 사이의 유사성을 깨달은 슈 반은 1839년 세포에 대한 책을 출판하였어요. 이 책에는 세포의 세 가지 기본 성질이 정리되어 있어요.

첫째, 모든 생물은 하나 혹은 하나 이상의 세포로 이루어졌다.

둘째, 세포는 생물체의 구조 및 생리적 기능의 기본 단위이다.

셋째, 세포는 화학 결정이 만들어지는 것처럼 자연적으로 만들어진다.

자, 슈반이 발표한 세포의 세 가지 기본 성질 중 두 개는 맞았지만 하나는 완전히 틀렸어요. 여러분은 무엇이 틀린 것인지 찾아낼 수 있나요? 너무 쉽다고요? 네, 맞아요. 세 번째가 틀렸지요. 세포는 저절로 생겨나지 않고 다른 세포로부터 생겨난다는 것을 우리는 모두 잘 알고 있지요? 하지만 예전 사람들은 썩은 건초 더미에서 쥐가 생겨나고 고기 국물을 방치하면 미생물이 생겨난다고 믿었어요. 세포와 세포로 이루어진 생물이 자연적으로 발생한다고 믿었던 것이지요.

》 자연 발생설이 《
2천 년이나 지속되다니

1855년 루돌프 피르호가 아주 유명한 명제인 '모든 세포는 다른 세포로부터 발생한다'를 발표하여 반론을 제시하였어요. 이어 1862년 파스퇴르가 유명한 S자 관 실험을 통하여 외부로부터 박테리아 세포의 유입이 없으면 멸균된 고기 국물에는 박테리아가 생겨나지 않는다는 것을 밝혀냈어요. 무려 2천 년 전 아리스토텔레스가 처음 제시한 가설인 자연 발생설이 틀렸다는 것을 증명한 것이지요. 이후 세포를 연구하는 생물학의 한 분야인 세포 생물학

생명체를 이루는 세포

의 비약적인 발전을 통해 몇 가지가 추가되어 '세포 이론'은 다음의 여섯 가지 항목으로 정리되었어요.

첫째, 모든 생물은 하나 혹은 하나 이상의 세포로 이루어졌다.

둘째, 세포는 생물체의 구조 및 생리적 기능의 기본 단위이다.

셋째, 모든 세포는 다른 세포로부터 발생한다.

넷째, 세포는 세포 분열을 통해 자손 세포에게 자신의 유전적 정보를 전달한다.

다섯째, 모든 세포는 유사한 화학 조성을 가지고 있다.

여섯째, 생명의 에너지 흐름, 즉 대사 작용과 생화학 경로는 세포 안에서 이루어진다.

지금부터 이 세포 이론의 각 항목에 대하여 공부해 볼까요?

5

지방 세포의
개수는
무한정 늘어날까?

여러분은 우리 몸이 작은 세포들이 모여서 이루어져 있다는 것을 알고 있지요? 그런데 옛날 사람들은 세포가 우리 몸을 이루는 구성단위라는 것을 왜 깨닫지 못했을까요? 우리 몸을 이루는 세포는 눈에 보이지 않을 정도로 작기 때문이지요.

사람의 몸을 이루는 약 200종류의 서로 다른 세포 중에서 가장 크기가 큰 세포는 사람의 알세포, 즉 여성의 난소에서 만들어지는 난자 세포입니다. 난자는 향후 수정란의 발생에 필요한 양분 등 여러 가지 성분을 많이 가지고 있기 때문에 덩치가 큰 것이지요. 가장 크게 성숙된 여성의 난자 세포는 크기가 약 120마이크로미터, 즉 0.12밀리미터 정도 되어요. 자세히 보면 맨눈으로도 볼 수 있겠지요.

》 난자는 큰데 《
정자는 왜 작지?

반대로 인간의 세포 중에서 가장 작은 세포는 무엇일까요? 수정 때 난자와 만나는 정자 세포가 가장 작아요. 부피로 따지면 난자의 만 분의 1도 되지 않아요. 난자는 크기가 큰데 정자는 왜 이렇게 작을까요? 난자는 수정란을 키우기 위한 세포 내 소기관, 이후 분열해서 만들어질 세포들에게 나눠 줄 여러 가지 물질과 영양분 등을 지니고 있어야 하지만, 정자는 차곡차곡 부피가 아주 작도록 포장된 아버지로부터 온 유전 정보 물질, 즉 DNA를 주로 가지고 있기 때문이에요.

그렇다면 인간의 세포 중 두 번째로 크기가 작은 것은 무엇일까요? 우리의 혈액 안에서 양분과 산소, 이산화 탄소를 나르는 중요한 세포인 적혈구입니다. 적혈구의 지름은 약 7마이크로미터 정도 되어요. 적혈구가 작은 이유는 우리 몸 구석구석까지 뻗어 있는 아주 가는 모세 혈관 속을 통과해서 영양분과 산소를 전달해야 하기 때문이지요. 적혈구가 혈관 속을 지나가는 모양은 마치

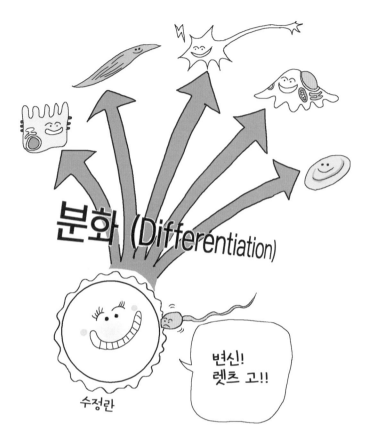

테니스공이 스타킹 안으로 통과하는 과정과 비슷하다고 해요. 적
혈구가 작아야만 하는 충분한 이유에 대한 실감 나는 설명이지
요? 이렇게 날씬한 몸매를 유지하기 위해서 적혈구는 다른 인간
세포는 모두 가지고 있는 세포핵까지 다이어트로 버리고 가지고
있지 않아요.

　　적혈구와 기타 혈액 안에 존재하는 혈구 세포들은 일종의 줄
기세포인 조혈모세포로부터 '분화'라는 과정을 통해서 만들어져
요. 분화(differentiation)는 하나의 세포가 다른 종류의 세포로 변

신하는 과정이에요. 마치 포켓몬들이 변신하듯이 세포들도 분화라는 과정을 통해 하나의 세포가 다른 세포로 변신할 수 있어요. 우리 몸은 모두 하나의 세포, 즉 난자와 정자가 만나서 생성된 수정란이 계속 분열하고 분화하여 생성된 약 200종류의 서로 다른 세포, 개수로 따지면 $3.7\pm0.8\times10^{13}$개의 세포로 이루어져 있어요. 놀랄 만큼 엄청나게 많은 세포의 숫자이지만 더 놀라운 사실은 하나의 세포가 저렇게 다양한 종류의 세포로 변신할 수 있다는 사실입니다.

그러므로 특히 수정란으로부터 개체가 발생하는 과정에서 분화라는 과정은 아주 중요하다는 것을 알 수 있어요. 분화 과정이 없으면 200종류의 서로 다른 세포로 변신할 수 없으니까요. 적혈구는 완전히 다 분화해서 더 변신할 필요가 없는 세포이므로 분화하는 데 필요한 정보 등을 저장한 유전자, 즉 DNA는 가지고 있지 않아요.

》 살이 찌면 《
지방 세포의 부피가 커진다!

인간 세포 중 두 번째로 크기가 작은 적혈구에 대해서 알아보았으니 이번에는 두 번째로 크기가 큰 세포에 대하여 공부해 볼까요? 난자 세포에 이어서 두 번째로 크기가 큰 세포는 지방 세포예요. 지방 세포는 우리가 잘 알고 있듯이 지방을 저장하는 세포이지요. 지방 세포는 사춘기 이후에는 더 만들어지지 않고 개수가 일정하게 유지된다고 해요. 그렇다면 더 많은 칼로리가 지방의 형태로 저장되면 저장될수록, 즉 좀 더 살이 찌면 찔수록 지방 세포의 개수는 늘어나지 않고 지방 세포의 부피가 커지겠지요? 지방 세포는 이렇게 남아도는 에너지를 지방의 형태로 저장하여 혹시나 다가올 굶주림에 대비하기 위해, 그리고 지방 조직의 또 다른 중요한 기능인 보온 기능을 유지하기 위해 지방을 잔뜩 자기 몸에 저장해서 몸집을 불릴 필요가 있어요. 그래서 지방 세포가 인간 세포 중에서 두 번째로 크기가 크답니다.

지금까지 인간의 몸을 이루는 여러 종류의 세포 크기를 비교해 보았습니다. 앞에서 말한 세포의 크기는 세포의 지름이나 세포의 부피를 기준으로 판단한 것입니다. 그렇다면 부피는 작지만 길이가 가장 긴 세포는 어떤 세포일까요? 우리 몸의 신경 신호 전달을 담당하는 신경 세포가 가장 길이가 깁니다. 우리의 척추로부터 엄지발가락 끝까지 신경 신호를 전달하는 신경 세포 중에는 길이가 약 1미터에 달하는 것도 있다고 해요. 다리가 긴 사람은 더 긴 신경 세포를 가지고 있겠지요?

우리의 몸을 이루는 여러 가지 세포에 대하여 알아보았어요. 세포의 모양과 크기가 세포의 기능과 밀접하게 연관되어 있다는 사실이 참 흥미롭지요?

6

세포가
셋방살이를
한다고?

이 글을 읽는 여러분은 '셋방살이'라는 단어가 그다지 익숙하지 않지요? 제가 어렸을 때는 많은 젊은 부부들이 '셋방살이'로 신혼 시절을 시작했어요. 아파트가 흔하지 않던 시절, 단독 주택의 방 하나를 세를 얻어 한집에서 두 가족이 같이 사는 것이지요. 물론 화장실도 같이 사용해야 하는 등 불편한 점도 많지만 당시에는 아주 흔하게 볼 수 있는 풍경이었어요. 셋방살이를 하는 가족에게는 집 한 채를 살 만한 돈이 없어도 적은 돈으로 그들의 공간을 얻을 수 있다는 이점이 있었고, 집주인은 안 쓰는 방 하나를 세주고 전세금이나 월세를 받으면 살림에 도움이 되어 서로 상부상조하는 제도였지요. 이러한 집주인과 세입자의 동거는 사회 생물학적으로 볼 때 일종의 '공생'이라고 볼 수도 있겠습니다.

　지구상에 살고 있는 많은 생물들은 대부분 서로 영향을 주고받으면서 공생을 하고 있어요. 세입자와 집주인처럼 서로 이익을 주고받는 경우도 있고요, 한쪽이 일방적으로 이익을 얻는 경우도 있고, 아예 한쪽이 다른 한쪽에 피해를 입히는 경우도 있어요. 마지막 경우는 흔히 기생이라고 부르지요. 하지만 공생과 기생을 정확히 나누기는 생각보다 쉽지 않아요. 예를 들어 볼까요?

》 기생충이 사라지니 《 아토피가 늘었다고?

우리 몸에 세 들어서 살고 있는 여러 선형동물, 편형동물들은 기생충이라고 불리면서 대부분의 사람들이 극렬하게 혐오하지요. 실제로 우리의 위생 상태가 그다지 좋지 않던 몇 십 년 전 '기생충 박멸'은 우리 사회가 해결해야 할 아주 큰 이슈 중의 하나였어요. 대부분의 학교에서는 매년 학생들을 상대로 대변 검사를 실시하여 기생충 감염 여부를 체크하였어요. 지금은 위생 관리, 특히 정화조 시설이 잘되어 기생충을 가지고 있는 사람들을 보기 쉽지 않지만, 최근 동물이나 사람 집단을 대상으로 한 실험에 의하면 이러한 기생충들이 실제로 숙주인 동물이나 사람들에게 좋은 영향도 미치고 있다고 해요. 아직 모든 과학자들에게 인정되고 있지는 않지만 기생충이 면역 관련 질환을 막는 역할을 한다는 증거가 발표되고 있어요. 최근 갑자기 아토피와 같은 면역 질환이 많이 생겨난 이유가 실제로 '기생충 박멸' 때문인지도 몰라요.

자, 이야기가 약간 다른 데로 나갔지만 지금까지는 사람을 비롯한 여러 생물들이 서로 도움을 주고받아 가면서 살아가는 공생에 대하여 알아보았지요? 실제로 지구상의 생명체는 이렇게 서로 영향을 주고받으면서 진화해 왔습니다. 이것을 공진화라고 부르는데요, 공진화는 다음 장에서 좀 더 자세히 공부해 보도록 해요. 이번에 하고 싶은 이야기는 세포와 세포 간의 공생이에요. 바로 앞에서 지구 최초의 생명체, 즉 지구 최초의 세포 탄생에 대해 알아보았지요? 이제는 지구 최초의 세포로부터 어떻게 지금과 같이 구조가 복잡한 고등 동물과 고등 식물의 세포가 만들어지게 되었는가에 대해 공부해 보기로 해요.

》 진핵 세포는 《
진짜 핵을 가진 세포

지구상에 있는 세포는 크게 원핵 세포와 진핵 세포로 나눌 수 있어요. 우리 인간과 같은 고등 동물이나 창밖의 나무와 같은 식물의 세포는 진핵 세포이고, 우리 배 속에서 많이 살고 있는 대장균과 같은 박테리아는 원핵 세포예요. 진핵 세포는 문자 그대로 진짜 핵을 가지고 있는 세포라는 뜻이고, 원핵 세포는 원시적인 핵과 유사한 형태를 가지고 있는 세포를 일컬어요. 참! 핵은 유전 정보를 가지고 있는 DNA를 둘러싸고 있는 세포 안의 작은 기관이에요. 진짜 핵을 가지고 있는 진핵 세포는 현미경으로 핵을 관찰할 수 있지만 원핵 세포에서는 핵이 관찰되지 않아요.

원핵 세포와 진핵 세포의 다른 점은 그것뿐만이 아니에요. 진핵 세포에는 원핵 세포에는 없는 많은 세포 내 소기관이 있어요. 우리가 살고 있는 집을 살펴보면 각각 여러 가지 다른 기능을 가진 방으로 이루어져 있지요? 몸을 씻고 대소변을 해결하는 화장실이 있고, 잠을 자는 침실, TV를 보는 거실, 음식을 하는 주방이 어느 정도 독립적인 공간으로 구별이 되어 있지요. 세포의 경우도 마찬가지예요. 좀 더 진화된 생명체를 구성하는 진핵 세포는 워낙 다양한 기능을 수행하기 때문에 방이 여러 개 필요해요. 반면에 원핵 세포는 그다지 많은 기능이 필요하지 않으므로 방이 하나예요. 엄마 아빠 아들딸로 이루어진 가족은 방이 3개 이상인 아파트가 필요하겠지만 혼자 독립하여 잠자는 공간만 필요한 삼촌은 방하나인 원룸에서도 충분히 생활 가능한 것과 비슷해요.

우리 아파트의 방에 해당하는 것이 진핵 세포가 가지고 있는 '세포 내 소기관'이에요 유전 정보가 DNA의 형태로 소중하게 담긴 핵도 세포 내 소기관 중 하나이고 여러분이 들어 보셨을 미토콘드리아, 엽록체도 모두 세포 내 소기관이에요. 미토콘드리아는 세포 안에서 에너지를 생산하는 기능을 담당하고, 엽록체는 식물 세포에서 광합성을 통해 역시 에너지를 만드는 역할과 당분을 합성하는 역할을 수행하지요.

그런데 이러한 진핵 세포가 가지고 있는 미토콘드리아와 엽록체는 과연 어디에서 왔을까요? 앞에서 배운 지구 최초의 원시 세포는 워낙 구조가 간단해서 그러한 세포 내 소기관을 가지고 있지 않았어요. 그러니까 미토콘드리아나 엽록체는 나중에 세포가 진화하면서 저절로 만들어졌거나 아니면 밖에서 유입되었겠죠? 여러분은 어느 쪽이 맞다고 생각하세요? 세포 안의 복잡한 구조물들이 대부분 세포가 진화하면서 천천히 생겨났으니까 아마 미토콘드리아와 엽록체도 원시 세포에서 진화에 의해 조금씩 형태를 갖추게 되었을까요?

》 집 밖은 너무 위험해! 《
진핵 세포로 들어갈래

아니에요. 진핵 세포가 가지고 있는 미토콘드리아와 엽록체는 밖에서 혼자 살아가던 다른 세포들이 초기 진핵 세포 내부로 들어가서 셋방살이를 하고 있는 형태입니다. 미토콘드리아는 산소 호흡을 하면서 살아가는 박테리아였고, 엽록체는 지구상 최초로 산소를 만드는 광합성을 수행한 시아노박테리아라는 광합성 세균으로부터 유래했어요. 이들 박테리아는 혼자서 행복하게 잘 살고 있었는데 아무래도 이불 밖, 바깥세상은 포식자도 많고 너무 위험해

서 다른 세포 안에 숨어서 사는 형태를 취하게 된 것 같아요.

그렇다면 집주인은 세입자에게 무엇을 주고 세입자는 집주인에게 어떠한 이익을 줄까요? 집주인인 진핵 세포는 세입자 박테리아들에게 안전한 환경과 세입자들이 먹고 살 수 있는 영양분을 제공하였어요. 그리고 세입자 중 미토콘드리아로 진화하게 된 산소 호흡 박테리아는 집주인이 제공한 영양분을 이용하여 집주인이 사용할 수 있는 에너지의 형태인 ATP를 만들어서 제공합니

생명체를 이루는 세포

다. 또한 시아노박테리아 세입자는 집주인이 햇볕이 잘 드는 곳으로 자리를 옮기면 햇볕을 받아 광합성을 해서 집주인이 필요한 당분을 생산해 줍니다. 이들 세입자가 주인에게 주는 ATP와 당분은 셋방살이를 하는 세입자가 집주인에게 내는 월세와 같은 것이지요.

이렇게 원시 세포에 세 들어 살게 된 박테리아들은 그 이후로 절대 원시 세포를 떠나지 않고 계속 눌러 살게 되었어요. 그래서 현재의 고등 동물과 고등 식물이 가지고 있는 구조가 복잡한 진핵 세포가 만들어지게 된 것이지요. 어때요? 셋방살이는 꼭 불편한 것만은 아니지요?

7

바이러스와 박테리아는 비슷한 녀석들인가?

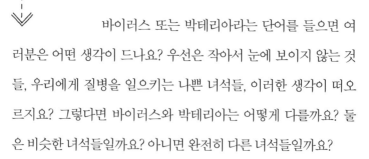

바이러스 또는 박테리아라는 단어를 들으면 여러분은 어떤 생각이 드나요? 우선은 작아서 눈에 보이지 않는 것들, 우리에게 질병을 일으키는 나쁜 녀석들, 이러한 생각이 떠오르지요? 그렇다면 바이러스와 박테리아는 어떻게 다를까요? 둘은 비슷한 녀석들일까요? 아니면 완전히 다른 녀석들일까요?

앞에서 원핵 세포와 진핵 세포의 차이점에 대해서 배웠지요?

원핵 세포는 핵을 가지고 있지 않은 원시적인 세포의 형태로 박테리아가 바로 원핵 세포예요. 박테리아는 하나의 세포로 이루어진 생물로 이러한 생물들을 단세포 생물이라고 부르지요. 반면에 우리 사람과 같이 셀 수 없을 정도로 많은 개수의 세포로 이루어진 생물은 다세포 생물이라고 하지요. 그렇다면 단세포 생물은 모두 박테리아일까요? 아니에요. 박테리아 말고도 세포 하나로 이루어진 생물들이 있어요. 바로 원생동물들이에요. 물속에서 사는 원생생물인 아메바, 광합성을 하는 조류(藻類)(하늘을 나는 조류(鳥類)가 아닙니다!) 등은 단세포 생물이지만 세포 안에 세포핵과 세포 내 소기관을 가지고 있는 등 진핵 세포의 특징을 지녀요. 이제 박테리아 이외에도 단세포 생물이 있다는 것을 알겠지요?

》 가장 큰 세포는 《
타조알일까?

자, 그러면 바이러스와 박테리아를 비교하기에 앞서 여러 가지 세포들의 크기를 비교해 볼까요? 우리 주변에서 볼 수 있는 세포 중에서 가장 큰 세포는 무엇일까요? 우리 몸을 이루는 세포의 크기는 대개 10마이크로미터에서 100마이크로미터 정도 되지요. 1마이크로미터가 얼마나 큰 길이냐고요? 여러분의 책상 서랍에 있는 자의 제일 작은 눈금이 1밀리미터예요. 밀리라는 것은 천 분의 1이라는 뜻이지요. 마이크로미터는 밀리미터의 또 천 분의 1이에요. 그러니까 100마이크로미터는 0.1밀리미터, 10마이크로미터는 0.01밀리미터라고 생각하면 되겠지요? 동물 세포 중 큰 편에 속하는 것이 100마이크로미터, 즉 0.1밀리미터이니까 이 정도면 맨눈으로 보일 듯 말 듯 하겠지요?

하지만 우리 주변에는 맨눈으로 아주 쉽게 관찰 가능한 동물 세포가 있어요. 바로 여러분의 집 부엌 냉장고에 있는 계란이에요. 계란은 하나의 세포로 이루어져 있어요. 그렇다면 지구상에서 가장 큰 세포는 무엇일까요? 계란보다 훨씬 큰 타조알이라고 생각하는 사람들이 많겠지요? 타조알도 계란과 마찬가지로 하나의 세포로 이루어져 있습니다. 타조알은 지름이 15센티미터 정도 되는 굉장히 큰 하나의 세포입니다. 하지만 타조알보다 더 큰 세포도 있습니다. 카울레르파 탁시폴리아(Caulerpa taxifolia)라는 물속에 사는 광합성을 하는 조류입니다. 하나의 세포가 무려 지름이 25센티미터 가까이 되도록 자랄 수 있다고 합니다. 정말 신기한 녀석이지요? 하나의 세포가 어떻게 이렇게 크게 자랄 수 있는지 궁금해 카울레르파 탁시폴리아에 대해 많은 연구가 이루어지고 있다고 해요.

》 가장 작은 세포는 《 마이코플라스마

그렇다면 가장 작은 세포는 무엇일까요? 마이코플라스마라는 박테리아인데요, 이 녀석들의 크기는 약 200나노미터 정도 된다고 해요. 1나노미터는 천 분의 1마이크로미터예요. 일반적인 박테리아의 크기가 2마이크로미터 정도 된다고 하니 보통 박테리아의 십 분의 1 크기이지요? 마이코플라스마라는 녀석은 특히 실험실에서 배양하는 동물 세포를 오염시키는 것으로 악명이 높아요. 저의 연구실의 배양 접시에도 마이코플라스마가 발견되어 지금 큰 문제입니다. 이 녀석들은 크기가 너무 작아 박테리아를 제거하기 위한 필터의 구멍도 통과하기 때문에 제거하기가 쉽지 않아요.

자, 그렇다면 흔히들 박테리아보다 작다고 알고 있는 바이러스의 크기는 어떨까요? 소아마비 병원체인 폴리오바이러스는 30나노미터의 작은 바이러스이고 AIDS를 일으키는 병원체 바이러스인 HIV는 150나노미터입니다. HIV보다 더 큰 500나노미터 정도 되는 바이러스도 있어요. 그렇다면 박테리아 중에서 가장 작은 마이코플라스마보다 두 배 이상 큰 바이러스도 있다는 말이 되지요. 일반적으로 바이러스는 박테리아보다 훨씬 작은 것이 사실이지만 크기로 박테리아와 바이러스를 구분할 수는 없습니다. 그렇다면 박테리아와 바이러스를 구분하는 기준은 무엇일까요?

흔히들 생물과 무생물의 경계에 있는 존재가 바로 바이러스라고 이야기하지요. 생명체의 특징 중 하나는 자신과 닮은 생명체를 계속 생산할 수 있는 능력, 바로 생식 능력이에요. 바이러스는 자기 혼자서는 절대로 자기와 같은 바이러스를 만들어 낼 수 없고 반드시 박테리아 혹은 다른 진핵 세포 안으로 들어가야만 자기와 같은 바이러스를 생산해 낼 수 있지요.

》 뭐야, 바이러스는 《
생명체가 아니라고?

생명체가 자기와 같은 자손을 만들어 내려면 자신의 유전자를 복제하여 자손들에게 나누어 주어야 해요. 우리들은 모두 아버지의 정자와 어머니의 난자에 있는 유전자를 받아서 태어났지요. 우리 몸을 이루는 세포는 부모님으로부터 받은 유전자를 이용하여 우리 몸이 필요한 단백질을 만들어 나가는 과정을 수행하는데 이것을 '유전자 발현'이라고 해요. 박테리아도 혼자서 자신의 유전자 발현을 할 수 있고 아메바도, 단세포인 조류도 혼자서 유전자 발현을 하여 살아 나갈 수 있는데, 바이러스만은 다른 세포 안으로 들어가서 다른 세포 안의 여러 분자들의 힘을 빌려야만 자기의 유전자 발현을 할 수 있어요. 그렇게 다른 세포 안에서 자신의 유전자 발현을 한 바이러스는 자기와 같은 바이러스를 대량으로 만들어 내게 되지요. 즉 다른 세포가 가지고 있는 여러 가지 분자들을 빌려서 자기와 같은 바이러스를 복제하는 것이에요.

자, 지금까지 알아본 바와 같이 바이러스는 스스로 생식할 수 있는 능력이 없으므로 과학자들은 바이러스를 일반적으로 생명체라고 간주하지 않아요. 하지만 일견 바이러스는 생명체를 이루는 세포와 비슷한 면도 있어요. 세포가 가지고 있는 단백질을 가지고 있고 또한 유전자도 가지고 있지요. 다만 그 유전자들을 복제하거나 발현하기 위한 다른 분자들을 가지고 있지 못하다는 것이 살아 있는 세포와의 차이점이에요.

바이러스보다 더 신기한 것들도 있어요. 프리온이라는 단백질로 이루어진 녀석들인데 이것들은 유전자도 가지고 있지 않고 오직 단백질로만 이루어져 있어요. 그럼에도 불구하고 다른 세포 안으로 감염되어 들어가면 그 세포 안에서 자신과 같은 단백질을 마치 살아 있는 것처럼 잔뜩 만들어 내요. 광우병 등의 질환을 일으키는 원인이 프리온이라는 사실이 잘 알려져 있지요. 생명체와 비슷하긴 하지만 실제로 살아 있다고 할 수 없는 바이러스와 프리온이 지구상에 존재하는 이유는 무엇일까요? 조금 더 구조가 간단한 바이러스로부터

나는 바이러스!
유전자 발현을 위해
박테리아가 필요해.

나 응가하는 거
아니고 내 유전자를
네 세포 안에 넣는 거야.

이얏호!

너 뭐야?
저리 안 가?

애고고

박테리아가 진화하게 된 것일까요? 바이러스는 박테리아와 같은 다른 세포가 없으면 자신을 복제할 수 없는데 박테리아보다 바이러스가 더 먼저 지구상에 나타날 수 있었을까요? 계란이 먼저냐 닭이 먼저냐 하는 문제와 비슷하지요?

최근의 연구에 의하면 바이러스와 박테리아 모두 동일한 조상, 즉 지구 최초의 세포로부터 진화하게 되었다고 해요. 박테리아는 좀 더 복잡하게 진화한 것이고 반대로 바이러스는 좀 더 간단한 구조로 진화, 아마도 퇴화하게 된 것일 수도 있다고 해요. 정말 흥미롭지요?

8

세포가
작은
이유는?

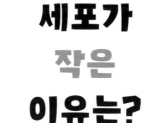

앞에서 우리 몸을 이루는 세포에 대해서 알아보았어요. 난자 세포와 지방 세포와 같이 비교적 크기가 큰 세포도 있지만 대부분의 세포는 눈에 보이지 않을 정도로 작아요. 우리 몸을 이루는 세포들은 도대체 왜 이렇게 크기가 작아야만 할까요? 세포가 너무 커서 세포 안의 구조가 맨눈으로 들여다보이면 징그럽기 때문에 세포가 작아야 할까요? 그것은 아닌 것 같지요?

물론 대부분의 사람들은 세포의 크기가 작은 이유에 대하여 궁금해하지도 않고 세포의 크기가 더 커진다고 좋아할 이유도 없겠지요. 아, 세포의 크기가 커지면 좋아할 과학자들은 몇몇 있겠네요. 매일 세포를 현미경으로 관찰하는 세포 생물학자도 세포가 조금만 더 크면 관찰하기 편하겠다고 생각할 것이고, 무엇보다도 세포 안에 아주 가는 유리관으로 유전자 등을 미세 주입하는 발생 유전학자, 작은 세포에 아주 미세한 전극을 꽂아서 세포 안팎의 전류의 흐름을 연구하는 전기 생리학자나 신경 생물학자도 세포가 조금만 더 크면 좋겠다고 생각할 것입니다.

》세포 한 개만《
들여다보면 연구 끝~

하지만 이들의 기대와는 반대로 세포의 크기는 무척 작습니다. 세포의 크기가 이렇게 작은 이유는 세포 이론에서 배웠던 '세포는 생물체의 구조 및 생리적 기능의 기본 단위이다'라는 명제와 직접적인 관련이 있습니다.

이 명제를 다시 한번 살펴볼까요? '세포는 생물체의 구조의 기본 단위'라는 뜻은 생명체를 이루는 기관, 그리고 그 기관을 이루는 조직들이 모두 세포로 이루어졌다는 것이에요. '세포는 생물체의 생리적 기능의 기본 단위이다'라는 문장의 의미는 세포 하나에서 일어나는 물질의 이동과 에너지 대사 작용의 기본 작동 원리가 전체 생명체의 기본적인 작동 원리와 같다는 것을 뜻합니다.

즉 기본 단위인 세포 한 개만 들여다보아도 생명체에서 일어나는 모든 기본적 현상인 에너지 대사, 유전자 발현, 세포 분열 등을 다 이해할 수 있다는 것이지요.

이러한 이유 때문에 대부분의 의학 및 진핵생물 기초 연구는 동물 실험에 앞서서 배양한 세포를 가지고 수행하는 실험을 먼저 실시합니다. 우리 몸에서 떼어 낸 소량의 세포를 배양 접시에 배양해도 그 세포들이 우리 몸에서 수행하던 기능을 거의 모두 그대로 계속하기 때문이지요. 그런데 재미있는 것은 하나의 세포가 독립적으로 작동하기 위해서는 반드시 세포의 크기가 작아야만 합니다. 왜 그럴까요? 궁금하죠?

종이 위에 인쇄된 세포의 사진이나 그림을 보면 세포는 납작한 2차원 구조처럼 보이기도 하지만 실제로 세포는 3차원 구조를 가지고 있습니다. 배양 접시에서 키우는 세포는 옆으로 퍼져서 마치 계란 프라이같이 보일 때도 있지만 구형에 가까운 형태로 존재할 때도 많아요. 우리 몸 안에서도 대부분의 세포는 원기둥형, 직육면체형, 구형 등의 3차원 구조를 가지고 있지요. 그렇다면 생각하기 쉽도록 구형 세포의 예를 들어 설명해 볼까요?

세포라는 3차원 수영장 안에서 살고 있는 여러 주민들, 즉 단백질, 핵산 등의 거대 분자는 계속 에너지를 외부에서 받아들이고 노폐물을 외부로 방출하면서 생명 현상을 유지할 수 있게 일을 합니다. 그렇다면 이들 세포 안에서 직접 일을 하고 있는 주민들의 전체 양은 세포의 부피에 비례하겠지요? 구형 세포의 경우 세포의 부피는 세포 반지름 r의 세제곱에 비례한다는 것 잘 알고 있지요? 그러니까 세포의 반지름이 커지면 커질수록 세포의 부피는 반지름의 세제곱에 비례해서 증가하게 되어요. 즉 세포의 반지름이 커질수록 세포 안의 주민, 세포 안에서 일을 하고 있는 여러 거대 분자의 양은 세포의 반지름의 세제곱에 비례해서 늘어나게 돼요.

》일꾼은 세제곱으로, 《
도우미는 제곱으로 늘어나면?

하지만 세포의 겉면을 둘러싸고 있는 세포막의 표면적은 어떻게 될까요? 구형 세포의 경우 세포의 표면적은 세포 반지름 r의 제곱에 비례하게 되지요. 그러니까 세포의 반지름이 커지면 커질수록 세제곱으로 증가하는 세포 부피를 제곱으로 증가하는 세포 표면적이 따라잡지 못하게 된다는 것이지요.

세포의 표면적이 뭐가 중요하냐고요? 세포를 둘러싸고 있는 세포막 위에는 운반체라고 부르는 여러 파이프와 같은 구멍 뚫린 구조물들이 자리 잡고 있어서 세포 안팎으로 노폐물, 영양분 수송을 담당합니다. 이러한 운반체들의 양은 세포막의 표면적에 비례하겠지요? 그러므로 세포의 크기가 점점 커진다면 세포 안에서 생명 현상을 수행하는 일꾼들의 양은 세포 크기의 세제곱에 비례해서 늘어나지만, 일꾼들에게 밥을 공급하고 일꾼들이 버리는 쓰레기와 노폐물을 치우는 도우미, 즉 세포막에 존재하는 운반체의 양은 세포 크기의 제곱에 비례한 만큼밖에 늘어나지 못해요.

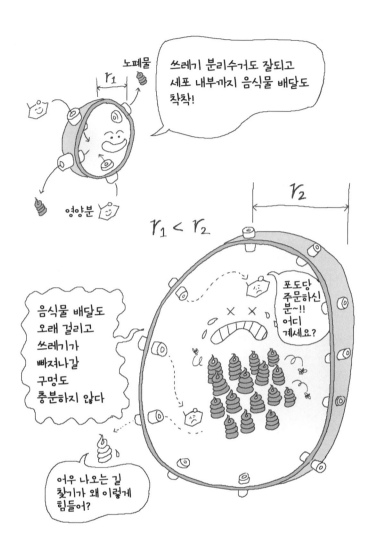

　　세포의 크기가 커져서 세포 안의 일꾼인 여러 거대 분자들에게 밥을 주지 못하고 그들이 배출한 노폐물을 치우지 못한다면 세포의 기능이 크게 저하될 것입니다.

구형 세포의 예를 들었지만 한 변의 길이가 1인 정육면체 형태의 세포도 마찬가지입니다. 표면적은 1의 제곱에 비례하여 커지고 부피는 1의 세제곱에 비례해서 증가합니다. 구형, 정육면체뿐 아니라 모든 3차원 구조가 마찬가지이죠.

자, 이제 세포의 크기가 작아야만 하는 이유를 알겠지요? 그렇다면 타조알처럼 크기가 큰 몇몇 세포들은 왜 문제가 생기지 않냐고요? 하나의 세포로 이루어진 달걀의 크기가 큰 것은 달걀 세포 부피의 대부분이 영양분을 저장하고 있는 흰자와 노른자로 이루어졌기 때문이지요. 실제로 달걀 안에서 배아로서의 기능을 담당하는 부분은 굉장히 크기가 작아요. 그러니까 동물의 알은 크기가 작은 세포의 예외적인 예로 생각해도 되겠지요?

세포 안은
왜 이렇게
복잡할까?

여러분은 인터넷에서 '세포'를 검색해 본 적이 있나요? 요즘은 문서 검색뿐 아니라 이미지 검색도 발전해서 '세포'라는 키워드로 검색하면 세포에 관한 내용, 학술 자료뿐 아니라 세포의 그림이나 사진까지도 찾아볼 수 있지요. 세포의 구조를 인터넷에서 한번 찾아볼까요? 그림에서 볼 수 있듯이 생물의 몸을 이루고 있는 세포들은 무척 작지만 세포 안의 구조는 아주 복잡합니다. 하지만 학교 과학 실험실의 현미경이나 인터넷에서 파는 저렴한 현미경으로 양파 껍질이나 구강 상피 세포를 관찰하면 흔히 교과서나 인터넷에서 '세포의 구조'라면서 보여 주는 그런 복잡한 모습은 관찰할 수 없습니다. 왜 그럴까요?

》 세포 구조를 잘 보려면 《 염색을 해야 돼

세포 안의 복잡한 구조를 관찰하려면 좀 더 배율이 높은 현미경을 사용해야 합니다. 그러나 단순히 배율만 높인다고 세포 안의 자세한 모습이 보이는 것은 아니지요. 물질들이 빛을 통과시키는 정도나 퍼뜨리는 정도가 서로 달라야 현미경으로 관찰할 때 서로 다르게 보입니다. 하지만 대부분의 세포 안 구조물들은 그러한 성질들이 비슷해 빛을 이용하는 광학 현미경으로는 세밀한 관찰이 쉽지 않아요. 광학 현미경으로 세포 내부의 자세한 구조를 관찰하려면 여러 가지 구조가 서로 다르게 보이도록 적절한 염색을 하여야 합니다. 세포핵 안의 DNA가 응축된 형태인 '염색체'를 관찰하기 위해서도 염색을 해야 하지요.

염색체는 염색이 특별히 잘되기 때문에 '염색체'라는 이름을 갖게 되었다는 사실을 알고 있지요? 과학자들은 세포 내의 여러 구조를 관찰하기 위해 형광 물질을 이용하기도 하고, 광학 현미경보다 훨씬 자세한 구조를 볼 수 있는 전자 현미경을 사용하기도 합니다.

전자 현미경으로 세포를 관찰하면 교과서나 인터넷의 그림에서 보는 것과 같은 아주 복잡한 세포 내부의 구조를 볼 수 있어요. 세포 내부가 수없이 많은 작은 방으로 이루어져 있고 그 방들도 역시 미로와 같은 세부 구조를 가지고 있어요. 도대체 왜 세포 내부는 이렇게 복잡하게 여러 개의 작은 방으로 나누어져 있는 것일까요? 그 이유를 생각해 보기 이전에 각각의 세포 내의 방들이 어떤 것들이 있는지 한두 개만 간단히 살펴볼까요?

》가장 큰 방에는《
세포핵이 살아

생물의 세포 안에서 관찰할 수 있는 가장 큰 방은 세포핵입니다. 물론 식물 세포에는 세포핵보다 가끔 더 커지기도 하는 액포라는 방이 있지만 동물과 식물을 아울러서 생각할 때는 세포핵이 가장 큰 방입니다. 세포핵에는 세포가 둘로 분열할 때 자손 세포들(딸세포라는 표현을 씁니다. 왜 아들세포가 아니고 딸세포인지는 묻지 마세요. Daughter cell을 번역한 것이라는 것밖에 저는 몰라요.)에게 물려주기 위한 가장 중요한 유산인 유전 정보가 DNA라는 형태로 들어 있습니다. 이 DNA는 정말 세포에게는 완전 소중한 완소 아이템이기 때문에 세포 안에서 가장 안전하고 깊숙한 장소인 세포핵에 보관하고 그것도 모자라 두 겹의 막으로 싸서 보호하고 있어요.

또 다른 세포 안의 방에는 여기저기 많이 흩어져서 보이는 미토콘드리아가 있지요. 미토콘드리아에서 세포가 필요한 에너지를 생산해 내요. 또 핵 주변에 존재하는 넓적하게 찌그러진 방 모양의 소포체와 골지체가 존재합니다. 이들 방에서는 단백질, 지질과 같은 여러 가지 물질들을 합성하는 기능을 수행하지요. 세포 안의 모든 방들은 세포 바깥 울타리인 세포막을 구성하는 성분과 유사한 물질로 주변에 울타리를 치고 있어요.

》분자들의 기능이 다르니 《
울타리로 구분해

왜 세포 안에 있는 모든 방들은 서로 울타리로 구분되어 있을까요? 여러 방 안에서 서로 다른 기능을 수행하기 위해서가 가장 큰 이유입니다. 여러분은 서랍 안에 넣는 서랍 정리대를 가지고 있나요? 서랍 정리대는 서랍 안의 여러 물건들이 서로 섞이지 않도록 해 줍니다. 요즘은 지우개가 많이 좋아져서 그런 일이 별로 없지만 예전에는 지우개의 성분이 플라스틱과 반응해서 볼펜과 지우개가 붙어 있으면 볼펜의 플라스틱이 녹는 경우도 있었어요. 이렇게 서로 섞이면 안 되는 것들을 따로 분리해 놓기 위해, 또 좀 더 효과적으로 물건들을 찾을 수 있도록 우리는 서랍 정리대라는 것을 사용하지요.

세포 안이 마치 서랍 안의 서랍 정리대처럼 여러 개의 방으로 분리되어 있는 이유도 마찬가지입니다. 세포 안에는 서로 섞이면 안 되는 물질들이 있어요. 리소좀이라는 방에 보관하는 효소들은 다른 세포 내 분자들을 마구 자르는 위험한 효소이기 때문에 리소

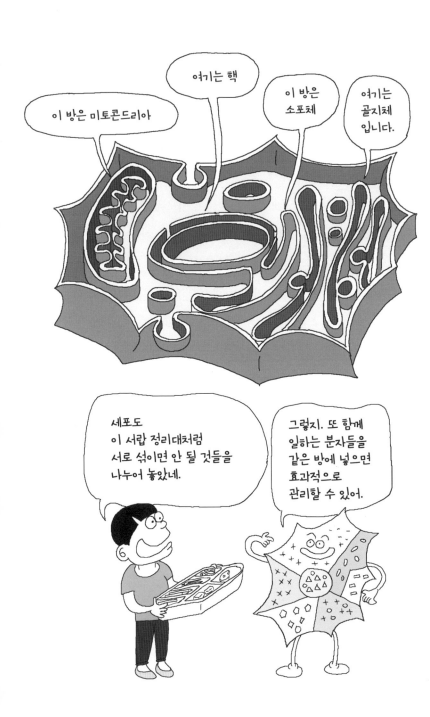

좀에 격리해야 해요. 퍼옥시좀에 존재하는 과산화 수소도 마찬가지이지요. 세포에 꼭 필요한 물질이지만 세포 전체에 퍼지면 독성을 나타내기 때문에 퍼옥시좀이라는 방에 보관하는 거예요.

세포 안에서는 물에 녹는 분자들이 둥둥 떠다니면서 계속해서 서로 만나서 화학 반응을 일으켜 생명 현상을 가능하도록 해 줍니다. 이러한 반응을 일으키는 분자들이 서로의 짝을 쉽게 찾을 수 있게 하기 위해서는 짝을 지어 만날 분자들을 작은 방에 모아 놓는 것이 좋겠지요? 넓은 방 밖에서 수영하고 다니다가는 원하는 짝을 만나서 반응을 일으키기가 쉽지 않을 거예요. 이러한 이유, 즉 세포 안에 존재하는 여러 분자들을 효과적으로 관리하기 위해서 세포는 세포 내 소기관이라는 여러 작은 방들을 만들어 분자들의 기능에 따라 분류하여 수용합니다. 세포 안이 복잡한 충분한 이유가 있지요?

신비한 세포의 구조

앞에서 세포에 대해서 배웠으니 세포 내부의 복잡한 구조에 대해 세포 네가 좀 설명해 주라.

제가요? 뭐 그러죠.

먼저 여기 가장 큰 것은 세포핵이에요.

오...

세포핵 안에는 유전 정보를 가진 DNA가 들어 있지요.

얘는 미토콘드리아. 잘 아시죠? 세포 안에서 에너지를 만드는

안녕하세요.

어, 안녕? 거기 편해?

얘는 소포체, 단백질 합성 운반 등을 담당하지요,

응.

사실 단백질 합성은 나 리보좀이 해요 쫑알쫑알.

소포체랑 닮은 얘는 골지체. 소포체로부터 받은 단백질을 필요한 위치로 보내는 일을 해요.

수고가 많다.

이제 교수님도 좀 설명해 주세요. 이거 불룩 나온 건 뭐예요?

이건 인격이야! 세포 따위가 인격을 알아?

3장

놀랍고도 신기한
세포 이야기

10

올챙이 꼬리가
왜
줄어들까?

　　여러분은 어렸을 때 올챙이를 키워 봤나요? 저
는 어린 시절에 올챙이를 개울이나 웅덩이에서 잡아다가 어항에
서도 키워 보고 다리가 돋아나기 시작하면 마당에 있는 연못으로
옮겨서 개구리로 우화하도록 하였지요. 성체인 개구리는 여기저
기로 뛰어다니기 때문에 잡기가 어려운 반면 올챙이는 움직임이
느려 잡기가 쉽지요.

》 꼬리가 없어져야 《
진짜 개구리~

한때 유행했던 동요 가사가 기억나요. "개울가-에 올챙이 한 마리 꼬물꼬물 헤엄치다 뒷다리가 쑥 앞다리가 쑥 팔딱팔딱 개구리 됐네" 이 동요에 맞춘 율동도 아주 재미있었지요. 그런데 올챙이에서 개구리가 되려면 노래의 가사처럼 뒷다리가 쑥 나오고 앞다리가 쑥 나오면 완전한 개구리가 될까요? 아니지요. 올챙이는 헤엄을 치기 위한 긴 꼬리를 가지고 있지요? 그 꼬리가 없어져야 완벽한 개구리가 되어요. 실제로 집에서 올챙이를 기르다 보면 뒷다리와 앞다리를 모두 가진 올챙이(개구리?)의 꼬리가 조금씩 없어지는 것을 쉽게 관찰할 수 있어요.

그러면 여러분은 올챙이의 꼬리가 어떠한 메커니즘에 의해서 없어진다고 생각하나요? 네, 맞아요. 올챙이의 꼬리를 구성하는 수많은 세포들이 없어져야지, 즉 죽어야지 꼬리가 없어집니다. 살아 있는 올챙이의 몸을 구성하는 수많은 세포들 중 어떻게 꼬리를 이루는 세포들만 죽어서 없어지게 될까요? 왜냐하면 바로 그 올챙이의 꼬리를 구성하는 세포는 이미 특정 시기에, 즉 개구리로 우화할 시점에 죽도록 미리 예정되어 있기 때문이지요. 올챙이의 꼬리를 이루는 세포는 뒷다리와 앞다리가 다 생긴 시점 이후에 점차 죽어 없어지도록 미리 프로그램 되어 있습니다. 이렇게 예정되어 있는 세포의 죽음을 세포 예정사, 혹은 세포 자살, 영어로는 아포토시스(apoptosis)라고 부릅니다.

》 세포가 죽어 없어지도록 《
예정돼 있다!

세포 예정사는 예상하지 못했던 갑작스러운 외부의 요인에 의한 세포의 죽음인 괴사(necrosis)와는 다릅니다. 우리 신체의 일부가 화상을 입거나 기타 다른 이유로 상처를 입으면 그 부분의 세포들이 괴사를 일으키게 되지요. 괴사의 경우 세포가 부풀어 오르다가 터져서 세포 안의 내용물이 밖으로 새어 나와 염증 반응 등을 일으키게 됩니다.

이와 대조적으로 세포 예정사의 경우에는 세포가 쪼그라들고 세포 안의 많은 기관이나 물질들이 주변의 세포에 흡수되어 재활용됩니다. 분자들을 조립하여 큰 분자를 만드는 데 에너지가 필요하다는 것을 이미 배워서 알고 있지요? 그렇기 때문에 세포가 세포 예정사를 통해 죽게 될 경우 기껏 힘들여 만들어 놓은 세포 안의 단백질, 핵산과 같은 커다란 분자나 미토콘드리아와 같은 세포 내 소기관을 아깝게 버리지 않고 주변의 세포들이 받아들여 재활용하게 되는 것이지요. 핵 안의 굉장히 긴 DNA도 세포 예정사가 일어나게 되면 짧게 끊어져서 주변의 다른 세포에게 흡수되어 재사용됩니다. 세포 안의 단백질도 세포 예정사가 진행되면 캐스페이즈(caspase)라는 효소에 의해 작게 쪼개져서 주변 세포가 나누어 가지게 되지요.

세포 예정사는 올챙이의 꼬리가 없어지는 과정과 같은 개체의 발생 과정에서 특히 중요합니다. 포유동물 태아의 앞발은 발가락 사이가 연결되어 물갈퀴를 가진 개구리의 앞발 같은 형태로부터 발생을 시작합니다. 이 발가락 사이의 물갈퀴가 제거되어야 제대로 된 발의 형태를 갖게 되지요. 발의 올바른 발생을 위해 물갈퀴 부분에 해당하는 세포들이 역시 세포 예정사로 죽어 나가게 됩니다.

》유전자 손상이 심하면 《
세포의 자살을 유도한다니

또한 세포 예정사는 발생 과정뿐 아니라 성체에서도 중요합니다. 우리 몸에서도 현재 수많은 세포들이 세포 예정사를 통해 사멸하고 있어요. 왜 상처도 입지 않았는데 우리 몸의 멀쩡한 세포가 죽게 될까요? 그 이유는 바로 겉으로는 멀쩡하게 보이는 세포도 유전자가 망가져 있을 수 있기 때문이에요. 우리 몸을 이루는 세포는 끊임없이 자외선, 혹은 우리가 흡입하는 나쁜 물질 등을 통해 유전자에 손상을 입게 되어요. 이러한 유전자의 손상이 제때 고쳐지지 않으면 유전자에 돌연변이가 생겨 암을 비롯한 여러 가지 질환이 발생하게 됩니다.

하지만 크게 걱정할 필요는 없어요. 왜냐하면 우리 세포는 유전자의 손상을 고치는 많은 효소들을 가지고 있기 때문이지요. 그런데 유전자의 손상 정도가 너무 커서 수선하는 것이 불가능하다고 판단될 때, 세포 안에 이미 프로그램 되어 있던 세포 예정사 과정이 진행되어 그 세포의 자살을 유도합니다. 왜냐하면 유전자가 망가져서 암세포가 되어 개체에 악영향을 끼치는 것보다는 세포 예정사로 제거되는 편이 개체에 유리하기 때문이지요. 이러한 세포 예정사 과정이 없다면 우리는 훨씬 더 많은 질병에 시달리게 되었을 거예요. 전체를 위해 자신을 희생하는 세포의 숭고한 희생정신이 감동적이지요?

11

뿌리의 물이
어떻게
나무 위까지
올라갈까?

지구상에서 가장 키가 큰 생물은 무엇일까요? 동물 중에서는 기린이 제일 키가 클 테고, 키가 아닌 길이로 따지면 몸의 길이가 30미터 정도 되는 흰긴수염고래가 가장 큰 동물이지요. 식물을 포함한 전체 생물종을 따지면 미국 캘리포니아 레드우드 국립 공원의 아메리카 삼나무(레드우드, redwood, 학명 Sequia sempervirens) 중 하나가 가장 키가 큽니다. 하이페리온이라는 이름이 붙은 이 나무는 키가 115.7미터에 이른다고 합니다. 부피가 세계에서 가장 큰 나무도 캘리포니아에 있지요. 캘리포니아의 또 다른 국립 공원인 세쿼이아 국립 공원에 있는 아메리카 삼나무의 근연종인 자이언트 세쿼이아(학명 Sequoiadendron giganteum) 중의 하나가 세계에서 가장 부피가 큰 나무입니다. 이 나무에는 셔먼 장군이라는 이름이 붙어 있지요. 키는 84미터로 하이페리온보다는 작지만 둘레가 30미터가 넘을 정도로 몸체가 두껍기 때문에 셔먼 장군은 현재 세계에서 가장 몸집이 큰 나무로 알려져 있습니다.

》 모세관 현상에 의해 《
물이 위로 올라가

자, 이렇게 키가 큰 나무를 보면 어떤 생각이 드나요? 나무뿌리에서 꼭대기에 있는 잎사귀까지 물이 올라가야 식물이 광합성을 할 수 있을 텐데 100미터가 넘는 높이까지 어떻게 물이 올라갈 수 있는지 궁금하지 않나요? 땅속의 물이 나무뿌리로부터 줄기를 통해 높은 곳에 위치한 잎사귀까지 도달할 수 있는 기본적인 원리는 수건이 젖은 머리카락으로부터 물기를 빨아들이는 현상, 알코올램프의 심지가 알코올을 빨아들이는 현상의 원리와 같습니다. 바로 모세관 현상에 의해 물이 중력을 거슬러서 뿌리에서 잎으로 전달될 수 있는 것이지요.

그렇다면 모세관 현상은 왜 일어날까요? 인터넷 검색을 해 보면 물이 통과하는 관과 물과의 접착력이 물 분자 사이의 응집력보다 클 경우, 모세관 안의 물의 높이가 모세관이 담긴 용기의 물의 높이보다 높아지는 모세관 현상이 관찰되는 것을 볼 수 있어요. 반면에 분자 사이의 응집력이 관 표면과의 접착력보다 더 큰 수은의 경우에는 모세관 안의 수은의 높이가 모세관이 담긴 용기의 수은의 높이보다 낮아지지요. 이런 반대의 경우도 모세관 현상이라고 불러요. 두 현상 모두 액체의 응집력과 관과 액체와의 접착력의 차이에 의해 발생하지요.

물 분자는 기본적으로 서로 결합하려고 하는 응집력을 가지고 있습니다. 이러한 이유로 인해서 유리 위에 떨어진 물이 방울 모양을 형성하는 것이지요. 물 분자끼리 서로 끌어당기는 응집력 때문에 물은 자신의 부피를 줄이는 방향으로 힘이 작용하여 동그란 물방울을 형성하게 됩니다. 물이 표면의 면적을 작게 하려고 작용하는 힘인 표면 장력 또한 물 분자 사이의 응집력 때문에 발생합니다. 컵 위에 물을 찰랑찰랑하게 담고 물을 조금 더 넣어도 물 표면이 볼록하게 올라오면서 컵의 물이 넘치지 않는 이유, 소금쟁이가 물 위에서 빠지지 않고 떠 있을 수 있는 이유 모두 다 물의 표면 장력 때문이지요.

》물의 응집력은《
물 분자의 수소 결합 때문

이러한 모든 현상을 일으키게 하는 근본적인 원인인 물 분자 사이의 응집력은 도대체 왜 생기는 것일까요? 물 분자들끼리 서로 결합하고자 하는 응집력은 물 분자 사이의 수소 결합 때문입니다. 또한 수소 결합이 생기는 이유는 물 분자를 이루고 있는 산소 원자와 수소 원자가 극성 공유 결합으로 서로 결합하고 있어서 물 분자의 산소 쪽은 약한 음전하, 물 분자의 수소 쪽은 약한 양전하를 띠고 있기 때문이지요.

물 분자를 이루고 있는 산소 원자와 두 개의 수소 원자가 옆의 그림에서 보듯이 104.5도의 각도를 이루고 있어서 산소 원자가 수소 원자와 공유한 전자를 당기는 방향이 양쪽으로 나뉘어 상쇄되지 않고 산소 쪽 방향으로 전자가 당겨지게 됩니다. 그래서 산소 쪽에는 약한 음전하가 생기고 수소 쪽에는 약한 양전하가 나타나게 되는 것이지요.

물 분자를 이루고 있는 산소 원자와 수소 원자의 각도가 104.5도가 아니고 180도였다면 어떻게 되었을까요? 만일 그렇다면 물 분자 사이의 수소 결합이 이루어질 수 없기 때문에 물의 응집력도 없을 것이고, 물의 물리적 화학적 성질이 모두 바뀌게 되어 생명의 용매로서 물이 선택될 수 없었을 것입니다. 매일 아침 한 컵의 물을 마시기 전에 물 분자의 결합 각도가 104.5도인 것이 정말 다행이었다고 생각해 보는 것은 어떨까요?

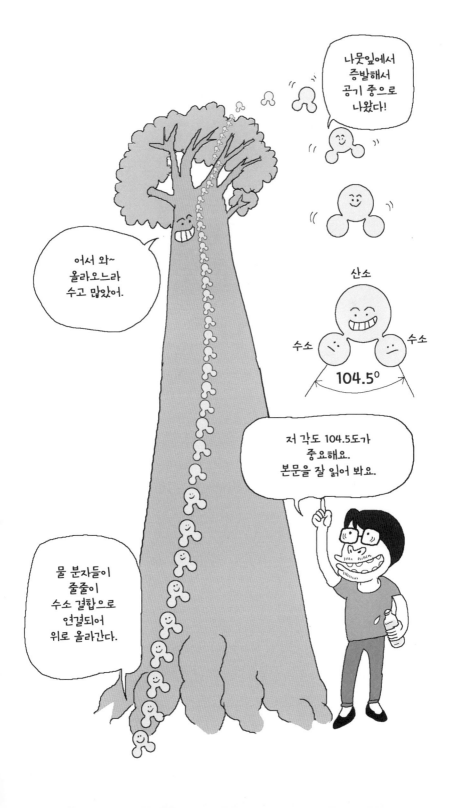

12

미토콘드리아는
무슨 일을
하나?

여러분은 미토콘드리아에 대해서 많이 들어 봤지요? 이 책을 처음부터 찬찬히 읽은 독자 여러분은 미토콘드리아가 세포 외부에서 독자적으로 살아가던 산소 호흡 박테리아가 진핵 세포의 조상 세포에 공생하게 된 형태라는 것을 이미 알고 있을 거예요. 자, 그럼 미토콘드리아가 도대체 우리 고등 생물의 세포 안에서 하는 일이 무엇인지 한번 알아볼까요?

미토콘드리아를 한자어로 사립체 또는 활력체라고도 표현해요. 아직은 미토콘드리아라는 표현을 교과서에서 더 많이 쓰지만 학자들 간에 합의만 된다면 한글 표현으로 바꾸는 것도 좋을 것 같아요. 사립체(絲粒體)는 길쭉한 실 모양이라는 뜻인데, 미토콘드리아의 겉모습이 짧은 끈 모양이라 그런 이름을 붙인 것 같고요, 활력체(活力體)라는 단어는 세포에 그야말로 '활력'을 주기 때문에 그런 이름이 만들어지게 되었어요. 개인적인 의견으로는 미토콘드리아의 기능에서 온 이름인 활력체가 더 좋은 이름인 것 같아요.

》 ATP 36개를 《
미토콘드리아가 만들어 내다니

그렇다면 미토콘드리아가 세포에 '활력'을 주는 메커니즘은 무엇일까요? 세포 내부 공생에서 배운 것처럼 미토콘드리아는 자기가 전세 들어 사는 숙주 세포에 ATP라는 형태의 에너지를 공급해요. 물론 세포는 미토콘드리아 말고도 자기의 세포질 안에서 ATP를 생성해 낼 수 있지만 그 양이 미토콘드리아에서 만들어 내는 것보다 훨씬 적어요. 이론적으로 포도당 한 개가 완전히 이산화 탄소와 물로 산화되면 ATP가 38개까지 생길 수 있는데 그중 세포질에서 만들어지는 것은 2개에 불과해요. 나머지 36개는 미토콘드리아가 만들어 내는 것이지요. 이렇게 세포가 필요한 에너지의 대부분이 미토콘드리아에서 만들어지므로 우리 고등 생물의 세포는 사실 미토콘드리아가 없으면 거의 정상적인 생존이 불가능해요. 그야말로 우리의 세포는 세포 안에 공생하고 있는 미토콘드리아와 같이 진화해 온 것이지요.

미토콘드리아는 어떻게 이렇게 많은 ATP를 만들어서 세포에 에너지를 보충해 줄 수 있는 것일까요? 여러분이 대학교에서 생명 과학 관련 전공을 하게 되면 아마도 한 학기의 절반 정도를 미토콘드리아 안에서 일어나는 ATP 생성 과정에 대해서 배우게 될 거예요. 우리는 그 내용을 여기서 간단하게 공부해 보도록 해요. 자, 준비가 되었나요?

》산소를 산소 호흡에 《 이용한다고?

미토콘드리아가 효과적으로 많은 에너지를 생산해 낼 수 있는, 즉 많은 ATP를 만들어 낼 수 있는 이유는 산소를 이용할 수 있기 때문이에요. 뭐라고요? 산소를 이용하지 못하는 생물도 있냐고요? 물론이지요. 산소를 이용하지 못하는 혐기성 박테리아에게는 산소가 오히려 독이 되어요. 혐기성 박테리아들은 땅속 깊이 또는 바닷속 깊이 산소가 잘 미치지 않는 곳에서 살고 있지요. 미토콘드리아의 기원은 산소 호흡 박테리아라는 것 기억나지요? 산소를 산소 호흡에 이용할 수 있는 박테리아라는 뜻이에요.

산소 호흡이란 어떤 것일까요? 우리는 호흡이라고 하면 횡격막과 갈비뼈를 움직여서 허파의 용적을 변화시켜서 날숨과 들숨을 쉬어 이산화 탄소와 산소를 교환하는 것을 생각하지요? 호흡에 대한 생리학적 정의는 그것이 맞습니다. 하지만 생화학에서 호흡(respiration)이라 하면 '산소를 최종 전자 수용체로 이용하여 ATP를 만드는 화학 반응'을 이야기합니다. 그러므로 허파나 횡경막이 없는 박테리아도 호흡을 할 수 있는 것이지요. 점점 어려워지지요? 최종 전자 수용체라는 단어가 특히 어렵지요? 아주 이해하기 쉽게 설명해 드릴게요.

미토콘드리아 안에서는 여러 가지 분자들이 계속 산화되어요. 산화된다는 것은 여러 가지 의미가 있는데 그중의 하나는 전자를 빼앗긴다는 것이에요. 미토콘드리아 안의 분자들이 가지고 있는 에너지 함량이 높은 전자들은 전자를 일시적으로 저장하는 조효소인 NAD^+와 FAD로 옮겨져서 이 조효소들은 각각 에너지 함량이 높은 전자를 가진 형태인 NADH와 $FADH_2$로 바뀌게 되어요. 미토콘드리아 안에서 분자들이 분해되면서 그 에너지가 NADH와 $FADH_2$라는 형태로 전환된다고 생각하면 돼요. 자, 이제 NADH와 $FADH_2$가 가지고 있는 에너지를 ATP의 형태로 전환해야겠지요? 왜냐하면 ATP가 실제로 세포가 쉽게 쓸 수 있는 현금 같은 에너지이기 때문이지요. NADH와 $FADH_2$는 현금으로 환전해야지만 쓸 수 있는 수표나 약속 어음 같은 형태라고 생각하면 이해가 쉬워요.

NADH와 $FADH_2$가 가지고 있는 에너지, 즉 산화된 분자로부터 빼앗은 에너지 함량이 높은 전자들은 '전자 전달계'라는 걸 통해서 다른 분자에게 차례로 전달되어요. 이것은 마치 몹시 추운

겨울에 손이 시린 여러 친구들이 꺼져 가는 모닥불에서 꺼낸 뜨거운 돌멩이를 서로 전달하면서 뜨거운 돌멩이의 열에너지로 손을 데우는 것과 비슷한 과정이에요. 처음에는 가장 손이 시린 친구가 돌멩이가 가장 뜨거울 때 돌멩이를 건네받아서 자신의 손을 데울 것이고, 그 다음번은 그다음으로 손이 시린 친구가 돌멩이를 이어 받게 되는 과정이 반복되는 것이지요.

전자 전달계를 구성하는 여러 분자들은 NADH와 FADH$_2$가 가지고 있는 에너지 함량이 높은 전자를 위의 돌멩이 비유처럼 계속 전달하면서 전자가 가지고 있던 에너지를 조금씩 나눠 가지게 되어요. 이렇게 전자 전달계의 구성원들이 나눠 가진 에너지는 쌓이고 쌓여서 ATP를 합성하는 데 사용되지요. 더 자세한 과정은 나중에 다시 공부하기로 하고 이러한 전자의 전달이 계속 되려면 무엇이 필요할지 생각해 보아요.

》산소가 에너지가 《
떨어진 전자를 받아들여

뜨거운 돌멩이의 비유에서 돌멩이의 전달이 계속 일어나려면 누군가 다 식어 빠져서 아무도 쳐다보지 않는 돌멩이를 받아야만 해요. 이것과 마찬가지로 미토콘드리아의 전자 전달계에서 전자의 전달이 계속 일어나려면 에너지를 다 잃어서 아무도 받지 않으려고 하는 전자를 받아들일 분자가 필요해요. 그 분자가 무엇일까요? 바로 산소예요. 산소는 미토콘드리아의 전자 전달계의 전자 전달 방향 맨 끝에 위치해서 에너지가 떨어진 전자를 마구 받아들이는 역할을 담당해요. 이러한 역할을 하는 산소가 존재하지 않는다면 미토콘드리아의 전자 전달계가 작동하지 않을 것이고, 이렇게 되면 산소를 호흡하는 생물은 미토콘드리아에서 ATP를 합성해 내지 못해 충분한 에너지를 확보하지 못하여 죽게 되겠지요.

우리가 산소를 호흡해야만 하는 이유를 이제 아시겠지요? 산소는 우리 세포 안의 미토콘드리아가 '최종 전자 수용체'로 필요로 하기 때문에 우리가 꼭 호흡을 통해 받아들여야 하는 것이에요. 자, 말장난을 해 볼까요? 우리가 갈비뼈와 횡경막을 움직여 '호흡'을 하는 이유는 우리 세포 안에 있는 미토콘드리아가 '호흡'하는 데 필요한 산소를 공급하기 위함이에요. 재미있지요?

13

우리 몸이
줄어들어도
괜찮을까?

얼마 전 인공적으로 사람의 몸을 줄이는 기술을 발명하여 직접 시술하는 내용을 다룬 〈다운사이징〉이라는 영화를 보았습니다. 사람의 몸이 줄어들게 되면 식사량도 줄고 주거 공간도 줄어들겠지요. 그러면 한정된 미래의 자원을 효과적으로 사용할 수 있어 훨씬 멋진 인생이 열리게 된다는 참신한 아이디어를 활용한 영화였습니다. 이런 비슷한 내용을 다룬 다른 영화들에서 대개 사람의 몸집이 줄어들어 곤충에 쫓기게 된다든가 하는 구태의연한 장면을 보여 준 것에 비해 파격적인 발상으로 여러 가지를 생각할 수 있게 해 주었습니다. 그렇다면 이론적으로 사람의 몸 크기가 줄어드는 것이 가능할까요?

》 사람이 티라노사우르스처럼 《 커지게 된다면?

조나단 스위프트의 고전 소설인 『걸리버 여행기』가 원작의 심오한 주제와는 달리 단순히 대인국과 소인국을 다루었다는 사실만으로 폭넓은 인기를 끌고 있는 것처럼, 사람의 크기가 커지거나 작아진다는 것은 호기심을 자극하는 아주 재미있는 주제입니다. 우선 사람의 크기를 줄이는 것보다 좀 더 상상하기 쉬운, 사람의 크기를 크게 하는 것에 대해 생각해 볼까요?

사람의 크기가 만일 육식 공룡 티라노사우르스처럼 커지게 된다면 어떤 일이 일어날까요? 여러분은 티라노사우르스의 상상화를 보면서 어떤 생각을 했나요? 몸의 비율에 비해 턱없이 작은 앞다리와 그와 조화를 이루지 않는 굵고 큰 뒷다리가 좀 어울리지 않는다고 생각하였지요? 왜 〈고질라〉나 〈퍼시픽 림〉과 같은 영화에 나오는, 사람과 비슷한 신체 비율을 가지고 상체도 우람하게 잘 발달하고 앞다리도 굵으면서 뒷다리로 걷는

나는 곤충형 인간이에요. 찌릭찌릭..

공룡은 존재하지 않았던 것일까요?

그 이유는 앞에서 공부했던 '세포의 크기가 작을 수밖에 없는 이유'와 동일합니다. 사람의 신체 비율을 유지하면서 키를 열 배로 키우면 사람의 부피는 10의 세제곱인 1000배 증가하게 되므로 몸무게도 1000배 증가합니다. 그렇다면 단순히 어림잡아 생각해 보아도 1000배로 증가한 몸무게를 떠받치고 있는 골반의 크기가 열 배, 다리의 굵기는 단면적이니까 10의 제곱인 100배로 증가해서는 어림도 없겠지요? 만약 사람이 점점 키가 크는 방향으로 진화한다

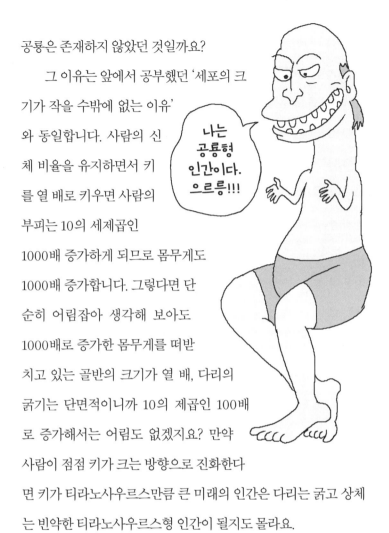

면 키가 티라노사우르스만큼 큰 미래의 인간은 다리는 굵고 상체는 빈약한 티라노사우르스형 인간이 될지도 몰라요.

》 사람이 작아지면 《
저체온증으로 사망

그러면 이제 사람의 크기를 작게 만드는 경우에 대하여 생각해 봅시다. 사람의 키가 1/10로 줄어든다면 사람 피부의 표면적은 1/10

의 제곱인 1/100로 줄어들고 사람 몸의 부피는 1/10의 세제곱인 1/1000로 줄어들게 됩니다. 이렇게 되면 어떤 현상이 일어날까요? 사람과 같은 항온 동물은 피부를 통해 끊임없이 외부로 열을 빼앗기기 때문에 몸 안의 대사 과정을 통해 열을 발생시켜야 합니다. 대사 과정을 담당하는 몸의 부피는 1/1000로 줄었는데 열을 빼앗길 피부의 표면적은 1/100밖에 줄지 않았으니 체온 유지가 불가능하게 되어 저체온증으로 사망하게 되겠지요?

그렇다면 열대 지방에서 살면 되지 않냐고요? 만일 체온보다 기온이 높은 곳에 키가 1/10로 줄어든 인간이 가게 된다면 이번에는 감당할 수 없을 정도의 열이 피부를 통해 몸 안으로 들어와 고열에 의해 죽게 될 것입니다. 몸집이 커다란 공룡이나 코끼리, 몸의 크기가 아주 작은 곤충들이 서로 다른 외형을 하고 있는 이유가 바로 이것입니다. 곤충의 다리가 가는 이유, 공룡의 다리가 굵은 이유도 몸의 각 부분이 자기 몸의 크기에 맞는 형태를 갖도록 진화하였기 때문입니다. 이제 사람이 단순히 작게 줄어들 수 없는 이유를 잘 알겠지요?

14

세포들도
서로 연락을
주고받을까?

여러분은 이 책을 읽기 전까지 무엇을 했나요?

제가 한번 맞춰 볼까요? 십중팔구 친구와 스마트폰 메신저로 대화를 나누었거나 SNS의 글을 읽고 있었을 거예요. 물론 조난되어 무인도에서 어쩔 수 없이 고독하게 살고 있는 영화의 주인공이나 은둔형 외톨이처럼 혼자서 살아가는 사람도 있지만, 대부분의 현대인은 일이나 취미 그리고 가족 관계 등으로 얽혀 있어요. 그래

서 이메일이든 문자든 모바일 메신저든 영상 통화든 직접 얼굴을
마주 보고 하는 대화든 항상 주변 사람과 연락을 주고받으면서 살
고 있지요.

》식물도 서로 연락을 《
주고받는다고?

어디 사람뿐일까요? 꼭 개미나 벌과 같은 인간과 유사한 사회를
이루고 살아가는 동물의 예를 들지 않더라도 대부분의 동물들은
서로 대화를 주고받으면서 살아갑니다. 초음파로 대화를 나누는
돌고래와 같은 수서 포유류도 있고요, 꽤 오래전에 식물도 서로
연락을 주고받는다는 연구 결과가 발표되어 학계에 놀라움을 던
져 주었지요.

버드나무, 미루나무 등 몇몇 종류의 나무들은 곤충에 의해 잎
사귀를 뜯기는 공격을 당하게 되면 휘발성 물질을 분비해서 주변
의 나무들에게 곤충의 습격을 알린다고 해요. 식물들은 이러한 휘
발성 물질을 분비하여 자신을 뜯어 먹는 식물성 곤충을 물리치기
도 하고, 반대로 식물성 곤충을 잡아먹는 천적 육식 곤충을 불러
오기도 한다고 합니다. 물론 이러한 연구 결과는 아직 완벽하게
학계에서 인정받지는 못하였지만 비슷한 연구 결과들이 꾸준히
발표되고 있어요.

지금까지는 개체 수준에서의 생물과 생물 사이의 연락, 즉 통
신에 대하여 알아보았지요? 그렇다면 개체를 이루고 있는 생명체

의 기본 단위인 세포들은 어떨까요? 세포들도 물론 커다란 개체처럼 서로 통신을 주고받습니다. 눈도 없고 귀도 없고 입도 없고 손가락도 없는 세포들이 어떻게 서로 연락할 수 있을까요?

우리가 커다란 방 안에 눈과 귀, 입을 가린 채로 갇히게 되었다고 생각해 보세요. 아무것도 보이지 않고 아무것도 들을 수 없고 아무 말도 할 수 없는 상황이 주어졌을 때 주변의 누군가에게 도움을 요청하거나 주변에 나와 같은 사람이 혹시 또 있나 알려면 어떻게 하면 될까요? 손을 내밀어 촉각으로 더듬더듬 주변을 살피거나, 손에 잡히는 물건을 닥치는 대로 사방으로 던져서 누군가에게 나의 존재를 알리고 싶겠지요?

세포의 경우도 마찬가지입니다. 세포에게는 스마트폰 메시지를 공짜로 보낼 수 있는 와이파이 존이 있는 것도 아니고, 소리를 낼 수 있는 입도 없고 글자를 읽을 수 있는 눈도 없기 때문에 '다른 물질'과 촉각에 의존하여 서로 통신을 주고받습니다.

》신호 전달 물질은《
수용체와 결합해

이와 같이 세포가 다른 세포와 연락을 나누기 위해 사용하는 '다른 물질'을 우리는 '신호 전달 물질'이라고 부릅니다. 위의 예시처럼 커다란 방 안에서 근처에 잡히는 물건에 해당하는 것이 '신호 전달 물질'입니다. 멀리 던지기 쉬운 물건은 무엇일까요? 아무래도 크기가 작은 물건이 큰 물건보다 던지기도 쉽고 멀리 날아가겠지요? 신호 전달 물질도 그래서 분자량이 작은 물질들이 사용됩니다. 분자량이 작은 물질이 큰 물질보다 훨씬 더 확산에 의해서 빠르게 이동하겠지요? 호르몬, 성장 인자, 사이토카인 등이 바로 이러한 신호 전달 물질입니다. 신호 전달 물질들은 대부분 아미노산 몇 개가 연결된 형태이거나 작은 단백질로 이루어져 있습니다.

세포는 연락을 할 때 주변에 있는 물질을 이용하지 않고 세포 내부에 있는 물질을 밖으로 분비하는 방법을 사용합니다. 세포 안에 존재하던 신호 전달 물질인 호르몬, 성장 인자 등이 세포 외부의 수용액으로 배출되는 것이지요. 이렇게 세포 외부로 배출된 신호 전달 물질은 확산에 의해서 둥둥 떠다니다가 연락을 받을 다른 세포의 표면에 결합하게 됩니다. 연락을 받고자 하는 세포는 이러한 신호 전달 물질을 받아들이기 위한 '수용체'라는 물질을 세포 표면에 마치 안테나처럼 가지고 있어요. 이러한 수용체 안테나를

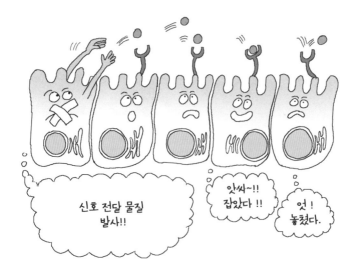

놀랍고도 신기한 세포 이야기

가지고 있는 세포는 신호 전달 물질을 분비한 세포가 보내 준 연락을 받을 수 있고, 수용체 안테나를 가지지 못한 세포는 연락을 받지 못하게 되지요. 마치 단톡방에 초대받지 못한 사람은 그 단톡방의 연락을 받지 못하는 경우와 비슷하다고 생각하면 돼요.

》 세포는 분열하고, 《 변신하고, 죽는다

신호 전달 물질들은 신호가 미치는 거리에 의해 또 나뉠 수 있습니다. 성장 인자의 경우 그 유효 거리가 짧아서 주변에 있는 세포들에게밖에 연락을 주지 못합니다. 반면 호르몬의 경우는 우리 몸의 고속 도로인 혈관을 타고 온 몸으로 퍼져 나가서 멀리 있는 세포들에게도 연락을 줄 수 있지요. 성장 인자를 통한 세포들 간의 연락이 스마트폰 단톡방을 통한 몇몇 근처에 있는 친구들끼리의 대화라면, 호르몬을 통한 세포 사이의 통신은 나라에서 보내는 긴급 문자와 같은 것이라고 이해하면 됩니다.

자, 그렇다면 마지막으로 이러한 신호 전달 물질을 이용한 대화를 통해 세포들은 무슨 일을 하게 될까요? 살아 있는 세포는 끊임없이 외부의 환경과 주변 세포로부터 받는 연락에 의해 변화합니다. 때가 되면 분열하여 두 개의 딸세포로 나누어져야 하는 경우도 있고요, 한 종류의 세포에서 완전히 다른 세포처럼 변신하는 세포도 있어요. 때가 되면 외부의 신호를 받아 죽어야 하는 세포도 있습니다. 이러한 세포 사이의 신호 전달 물질을 이용한 대화가 원활하게 이루어지지 못하거나 반대로 정상보다 너무 많은 연락을 세포들끼리 주고받는 경우 분열하지 않아야 할 세포가 분열하거나, 죽어야 할 세포가 죽지 않아 악성 종양 등의 질환이 유발될 수 있습니다. 세포와 세포 사이의 연락이 아주 중요하다는 것을 이제는 잘 알겠지요?

세포들끼리 신호를 보낸다고?

우리 세포들도 서로 통신을 한단다. 어떻게 할지 궁금하지?

응!

지금은 만화라서 입도 있고 눈도 있지만 사실 세포는 아무것도 없어서..

우리처럼 전화나 문자로 서로 연락을 못하겠구나.

세포들은 서로 더듬어 만지거나 물질을 분비해서 통신을 한단다.

오 이건 뭐야?

이건 신호 전달 물질 이라고 부르는데 여기에 결합하는 수용체를 가지고 있는 세포와 통신할 수 있어.

수용체?

점심 짜장면?

오케이

난 짬뽕

난 중국집 싫은데

난 짜장 곱배기

귀찮은데 수용체 감추고 자는 척하자.

아 얘는 수용체(Y)가 없어서 짜장면 먹자는 신호를 못 받은 것이군요!

맞아. 실제로는 밥 먹자는 신호가 아니고 세포의 분열, 사멸 등의 신호가 저렇게 수용체를 통해서 전달되지.

난 수업 시간 이라는 신호가 안 들린다. 계속 자야지.

4장

어항 속
미스터리 유전학

15

왜 어항의
거피들이
점점 죽을까?

여러분도 애완동물을 키우는 것을 좋아하나요?
생명 과학을 좋아하는 친구들은 대부분 집에서 동물이나 식물을
키우는 취미를 가지고 있는 경우가 많지요? 저도 예외가 아닌지라
어린 시절 마당이 있는 집에서 살 때 (그때는 서울에서도 거의 모든 사람
들이 마당이 있는 집에서 살았어요.) 들과 산에서 잡아 온 메뚜기와 개구
리 등등을 마당에 풀어 놓거나 물고기들을 잡아와 연못에서 기르

기도 했지요. 잡종 강아지도 한 번 길러 본 적이 있는데 저희 집이 아파트로 이사 갈 때 친척 집에 맡겨 놓은 강아지가 제가 보고 싶어서 가출하고 행방불명이 되었어요. 그때 너무 섭섭해서 강아지처럼 정이 많이 가는 애완동물은 그 후로 키우지 못하고 있어요.

》 내 꿈은 《
열대어 기르기

저는 강아지나 고양이를 키우지 못하는 대신 어린 시절의 꿈이었던 열대어 키우기를 십여 년 전에 정말 열심히 했지요. 제가 어렸을 때는 학교 도서관이나 큰 병원에 가야 열대어 수조를 볼 수 있었어요. 히터나 기포 발생기, 여과기 등이 없어도 키울 수 있는 금붕어와는 달리 열대어는 키우는 데 비싼 장비가 필요했기 때문에 예전에는 정말 하고 싶지만 비싸서 할 수 없는 취미였어요. 저도 어른이 되어 조금은 여유가 생기고 열대어 기르기도 많이 대중화되어 열대어를 기를 수 있었지요.

열대어는 많은 종류가 있지만 그중에서도 가장 값이 싸고 키우기 쉬운 것들은 난태성 송사리류인 거피(guppy)와 플래티(platy) 종류예요. 이들은 수명은 그다지 길지 않지만 알 대신 새끼를 직접 낳기 때문에 관리만 잘하면 새끼 물고기들을 직접 키울 수 있다는 재미도 있지요. 아무래도 알에서 태어나는 새끼 물고기들은 크기가 너무 작아서 키우기가 힘들거든요. 저도 당시에는 아프리카 시클리드라는 화려한 물고기를 더 좋아했지만 수초를 키우는 다른 어항에 별도로 거피를 키웠어요.

수초 어항에 거피를 같이 키우면 태어난 작은 새끼 물고기들이 수초에 숨을 수 있기 때문에 새끼 물고기들의 생존율이 굉장히 높아져요. 그래서 처음에는 수컷 한 마리와 암컷 두 마리로 시작한 거피 어항이 몇 달 만에 수백 마리의 거피가 가득 차는 상황으로 바뀌어 버렸어요. 물고기들이 어항에 너무 많아지면 수조 안의 산소도 빨리 떨어지고 노폐물 때문에 수질도 급격하게 나빠져서 좀 더 자주 물을 갈아 줘야 하는 등 일이 더 많아져요. 그렇다면 어떻게 해야 할까요?

그때부터 저는 관상어 전도사가 되어 주변 사람들에게 거피를 마구 분양하기 시작했지요. 친구들에게도 몇 마리씩 나눠 주고 부모님에게도 가져다 드렸지요. 잘 못 키워서 물고기를 죽이면 또 다시 분양을 했어요. 여러분 주위에도 이런 친구들이 있지요?

그런데 신기하게도 일이 년이 지난 후, 몇 백 마리의 숫자를 유지하던 거피들이 하나둘씩 줄어들고 허리가 굽거나 입 모양이 기형인 거피들이 태어나기 시작했어요. 수조는 항상 깨끗하게 청소하고 여과기도 잘 관리하고 물고기 밥도 적당하게 주었기 때문에 제가 잘못 키워서 그런 것은 아니에요. 도대체 왜 이런 일들이 생겼을까요?

》유전자의 열성 접합 때문에《
일찍 죽다니!

바로 유전자의 열성 접합 때문이에요. 유성 생식을 하는 생물들은 그 생물의 어떤 한 가지 특징을 결정하는 대립 유전자를 가지고 있어요. 우리 인간의 혈액형을 결정하는 대립 유전자의 예를 들어 설명하면 A형의 대립 유전자, B형의 대립 유전자, O형의 대립 유전자 이렇게 세 종류가 존재해요. 이들 대립 유전자 중 아버지나 어머니로부터 A형, 어머니나 아버지로부터 B형의 대립 유전자를 물려받으면 AB 혈액형을 가지게 되고, 아버지나 어머니로부터 O형, 어머니나 아버지로부터 B형의 대립 유전자를 받으면 B형의 혈액형을 가지게 된다는 것을 알고 있지요? 유성 생식을 하는 모든 생물들의 다양한 형질은 이러한 어머니와 아버지로부터 물려받은 여러 개의 대립 유전자의 굉장히 많은 개수의 조합에 의해 결정되어요. 어떤 대립 유전자의 경우, 아버지와 어머니로부터 서로 같은 대립 유전자를 받았을 경우에 심각한 유전적 질환이 나타날 가능성이 있어요.

　　제가 키우던 거피의 경우에는 한 어항에서 몇 년 동안 계속해서 새끼들끼리 서로 교배를 해 왔기 때문에 서로 같은 대립 유전자를 새끼 물고기에게 물려주게 될 가능성이 높았겠지요? 불행하게도 엄마 거피와 아빠 거피로부터 유전병과 관련된 같은 대립 유전자를 받아 일찍 죽게 되는 거피가 점점 많아지게 된 것이지요. 이렇게 갑자기 찾아온 거피의 집단 몰살을 막기 위해서는 어떻게

해야 할까요? 바로 그것이지요! 마트 수족관에서 새로운 대립 유
전자를 가진 거피를 사다 어항에 넣으면 돼요. 이렇게 할 경우 유
전병을 나타내는 열성 대립 유전자를 엄마 거피와 아빠 거피로부
터 운 없이 모두 받을 확률이 줄어들겠지요. 이렇게 유전자 풀의
다양성이 유지되어야 그 집단이 건강하게 생존해 나갈 수 있어요.
여러 사회에서 근친간의 결혼을 터부시한 것은 바로 이와 같은 이
유 때문입니다.

16

혼자서
새끼를 낳는
가재가 있다고?

앞에서 어항에서 키우던 거피 이야기를 했으니 이제 가재 이야기를 해 볼까요? 갑자기 웬 가재냐고요? 어항에서 애완동물로 거피 같은 물고기도 많이 키우지만 새우, 가재와 같은 갑각류도 많이 키우지요. 청계천의 관상어 상가에 가면 물고기뿐 아니라 여러 가지 종류의 가재를 애완동물로 많이 팔고 있어요. 파란 가재, 빨간 가재 등 여러 가지 색깔의 예쁜 가재들이 많은데요, 여기서 이야기하고 싶은 가재는 미스터리가재 또는 마블가재라고 불리는 대리석무늬가재예요. 등에 대리석 무늬가 있어서 이름이 대리석무늬가재인데 그렇게 겉모습이 예쁘지는 않아요. 그런데 왜 하필 대리석무늬가재 이야기를 하냐고요? 바로 이 녀석이 혼자서도 새끼를 낳는 처녀 생식을 하는 가재이기 때문이지요.

》 대리석무늬가재가 《
단성 생식을 한다고?

저도 물고기만 키우기 심심하던 차에 가재를 키우고 싶어서 여기저기 정보를 찾고 있었어요. 색깔이 알록달록 예쁜 가재들은 많은데 사육 난이도도 높고 무엇보다도 가격이 비싸서 망설이던 참에 '미스터리가재'라는 신기한 이름을 가진 이 녀석을 인터넷으로 한마리 구매하게 되었어요. 며칠 후 약 3cm 정도의 어린 가재가 배달되었지요. 어린 가재라 아직 등에 대리석 무늬가 생기지 않아 무척 평범한 모습이었어요.

저는 당시에 워낙 많은 수조에 여러 가지 물고기를 키우고 있었고, 또 그 물고기들이 알을 낳고 번식을 많이 해 물고기들 뒤치다꺼리에 시간이 모자랐어요. 그래서 미안하게도 이 어린 대리석무늬가재를 조그만 채집통에 넣어 두고 밥도 제대로 주지 않고 몇 달 동안 방치하다시피 했어요. 그리던 와중에 수조에 여유가 생겨 대리석무늬가재를 좋은 수조로 옮겨 놓고 밥도 제때 챙겨 주고 숨을 곳도 마련해 주었더니 몇 달 동안 자라지도 않던 녀석이 쑥쑥 크기 시작했어요. 이 가재가 점점 커감에 따라 저도 인터넷에서 읽었던 내용이 사실인지 궁금해졌어요. 미스터리가재는 처녀 생식을 하는 생물이라던데 정말 혼자서 새끼를 칠 수 있을까?

며칠 후 여느 날과 같이 물고기들 문안을 드리던 저는 깜짝 놀랐어요. 대리석무늬가재의 배에 백여 개의 까만 알이 매달려 있는 거예요. 이 녀석은 자기가 혼자서 만들어 낸 알들이 자랑스러운지 연거푸 수조 벽에 붙어 배에 매달린 알을 내게 보여 주며 배

다리로 물결을 만들어 알들에게 산소를 공급해 주고 있었어요. 얼마 지나지 않아 2밀리미터 정도의 수많은 새끼 가재들이 알을 깨고 태어났어요. 이들은 쑥쑥 자라나 금방 엄마 가재처럼 커져서 또 배에 알을 붙이고 수조 안을 돌아다녔어요. 그 후 어떻게 되었을까요? 기하급수적으로 불어난 수많은 대리석무늬가재들이 제 어항을 가득 채웠겠지요?

대리석무늬가재는 앞에서 얘기한 거피와는 달리 어미 대리석무늬가재 혼자서 자기와 모든 유전자가 완벽하게 동일한 새끼를 낳는 단성 생식을 하는 대표적인 동물이에요. 주변에서 식물의 단성 생식은 흔히 볼 수 있지요. 요즘 집에서 많이 기르는 다육 식물의 잎사귀 하나를 떼어서 심으면 뿌리가 생겨서 또 다른 다육 식물로 자라나는 것이 쉽게 관찰됩니다. 하지만 단성 생식을 하는 동물들은 쉽게 찾아볼 수 없어요. 진딧물이나 물벼룩 정도가 우리 주변에서 그나마 쉽게 찾아볼 수 있는 단성 생식을 하는 동물들이지요.

》진딧물은 혼자서도 낳고,《 짝짓기도 해

진딧물의 경우 봄에 새싹이 많이 피어나 쉽게 식물의 진액을 먹을 수 있는 환경이 되면 암컷 진딧물 혼자서 자기와 유전적으로 완전히 동일한 새끼를 직접 낳습니다. 하지만 가을이 되어 추워지면 겨울을 나기 위해 수컷 진딧물과 짝짓기를 하여 알을 낳지요. 알

어항 속 미스터리 유전학

의 상태에서 추운 겨울을 나기가 더 쉬운 이유도 있지만 내년 봄에 환경이 어떻게 변할지 모르니 다양한 형질을 가진 자손을 만들어서 변하는 환경에 대응하기 위해서예요. 이 경우에는 수컷 진딧물과 암컷 진딧물이 유전자를 뒤섞는 유성 생식을 해서 그 결과로 다양한 유전자 조합을 가진 알에서 다양한 유전적 형질을 가진 새끼가 태어나게 되지요.

이와 같이 동물이 유성 생식을 하는 이유는 끝없이 변화하는 환경에 대응할 수 있는 다양한 형질을 가진 자손을 생산하여 자손들의 생존율을 높이기 위해서예요.

그렇다면 대리석무늬가재는 어떻게 유성 생식을 하지 않고도 변하는 주변 환경에서 동일한 유전자, 동일한 형질만을 가지고 살아남을 수 있었을까요? 앞에서 살펴본 거피의 경우만 해도 외부의 유전자가 들어오지 않고 계속 근친 교배만 할 경우 열성 형질이 집단에 쌓여서 개체 수가 엄청나게 줄어드는 경우가 생기는 데 말이지요. 대리석무늬가재의 또 다른 이름인 미스터리가재처럼 참 궁금한 미스터리가 아닐 수 없어요. 아마도 이들을 주로 키운 수족관의 환경이 자연 상태보다 좋았기 때문이 아닐까요?

여러분이 대리석무늬가재의 미스터리에 대해서 직접 키워가면서 연구하고 싶다고요? 아쉽게도 이제는 그럴 수가 없어요. 2015년 우리나라에서 대리석무늬가재는 피라냐 등 다른 생물들과 함께 생태계를 교란할 수 있는 '위해우려종'으로 지정되어 더 이상 애완동물 가게에서 살 수가 없어요. 실제로 유럽에서 수입한 대리석무늬가재가 일본에서는 애완용으로 기르다가 방류한 것이 자연에서 발견되기도 했다고 해요. 대리석무늬가재가 자연에서도 유전 형질의 변화 없이 꾸준히 생존 가능하다면 그 이유 또한 여러분이 앞으로 풀어 나가야 할 자연의 미스터리겠지요?

17

수컷 물고기가
암컷으로
성전환을 한다고?

자, 이번에도 수족관에서 볼 수 있는 물고기 이
야기입니다. 거피에 이어서 가재, 그리고 또 물고기 이야기라 지
겹다고요? 하지만 물고기, 갑각류 등의 애완동물을 기르면 생명
과학의 여러 분야에 대한 현장감 있고 폭넓은 공부를 할 수 있습
니다. 물고기의 성 전환이라는 본론으로 들어가기에 앞서 몇 가지
이유만 들어 볼까요?

거피의 경우에서 알 수 있듯이 유전학의 기본 개념을 배우기 위해 수족관의 난태성 송사리류는 아주 좋은 모델이지요. 또한 어항 안의 좋은 수질을 유지하기 위해서는 어항 안의 동물들이 배출한 암모니아를 아질산 이온, 그리고 질산 이온으로 전환하는 과정을 이해하는 것이 필요하므로 질소 순환과 같은 생화학의 기본 원리도 배울 수 있어요. 더불어 어항 안에 수초까지 기르게 된다면 외부에서 넣어 준 이산화 탄소의 양과 조명에 따라 달라지는 광합성 산소 발생량과 이에 비례하는 식물의 성장까지도 관찰할 수 있지요. 수초의 군집이 바뀌는 천이 과정도 직접 볼 수 있고요. 유전학과 생화학, 생태학과 동물 행동학까지 생명 과학의 거의 모든 분야에 대한 현장감 있는 지식을 관상어 수조를 통해 얻을 수 있습니다. 그러니까 이 책을 보시는 부모님께서는 아이들이 어항에 물고기를 키우고 싶어 하면 꼭 어항을 사 주도록 하세요.

》외계 행성에《
인간이 한 명만 남으면?

앞에서 대리석무늬가재의 예를 통해 무성 생식과 유성 생식의 차이점을 알아보았어요. 환경이 아주 좋아 유전적 변이에 의한 개체 형질의 변화가 그다지 필요 없을 경우를 제외하고는 배우자와 유전자를 섞어 새로운 형질을 만들어 내는 유성 생식이 여러모로 종족의 생존을 위해서는 유리하겠지요? 그렇다면 유성 생식이 무성 생식에 비해 종족 보존에 꼭 유리하기만 한 것일까요? 예를 들어

먼 미래에 외계의 행성에서 살기 위해 몇 십 년에 걸쳐서 인간들이 새로운 행성으로 떠났는데 우연한 사고로 외계 행성 주민 중 한 명만 살아남았다고 생각해 보세요. 그 행성에서 인간 종족을 보존하기 위해서는 인간이 배우자 없이 자식을 낳을 수 있는 무성 생식을 하는 편이 좋겠지요? 좀 이상한 비유라고요? 어쨌든 이와 같이 모든 생물들은 주어진 환경에서 자기와 같은 종의 생물을 번창시키기 위해서 유성 생식이든 무성 생식이든 가능한 모든 방법을 동원하고 있어요.

외계 행성에서 마지막으로 살아남은 생존자는 아마도 체세포 복제와 같은 방법을 이용해서 자신과 똑같은 형질을 가진 자손을 만들려고 시도할지도 몰라요. 외계 행성으로 떠나는 우주여행이 가능해질 만큼 과학이 더 발전한 미래에서는 충분히 시도할 수 있는 방법이겠지요. 이미 인간들은 굳이 복제양 돌리의 예를 들지 않더라도 다른 실험동물을 이용하여 체세포 복제를 많이 시도하고 있어요. 이러한 체세포 복제도 일종의 무성 생식이라고 볼 수 있어요.

하지만 미래의 인간처럼 자신의 발달된 기술로 무성 생식을 시도할 수 없는 다른 동물들은 어떨까요? 예를 들어 수조에서 키우고 있는 클라운피쉬(흰동가리) 무리의 유일한 암컷이 죽게 되면 어떻게 될까요? 이제 클라운피쉬 수컷들만 남았으니 생식을 하여 자손을 남길 생각은 못하고 죽는 날만 기다리고 있을까요? 아닙니다. 살아남은 수컷 클라운피쉬 중 가장 덩치가 크고 힘이 센 수컷 한 마리가 암컷으로 성전환을 해서 집단 내에서의 생식이 가능하도록 합니다.

이러한 성전환 현상은 어류, 양서류, 파충류, 조류에서도 많이 발견됩니다. 클라운피쉬와 같이 집단에서의 성 비율의 변화에 의해 자극을 받아 성전환이 일어나는 경우도 있고, 어떤 파충류는 온도에 의해 성이 결정되기도 합니다. 인간을 포함한 포유류의 경우처럼 성염색체에 의해 기본적인 성이 결정되기도 하지만 환경적인 영향으로 성염색체에 의해 결정되었던 성별이 바뀌기도 합니다. 암컷의 염색체를 가지고 있다고 해서 꼭 암컷이 되어야 한다는 것은 아니라는 의미이지요.

공부에 도움 되는 물고기 기르기

엄마, 어항 사 왔어요.
물고기를 기르면
생명 과학 공부에 도움이
많이 된대요.

그거 손이 많이
갈 텐데. 아무튼
난 몰라. 네가
관리 다 해.

일단 여과기를 설치하고
물을 넣고..

물고기를 넣기 전에 며칠 정도
여과기를 돌리는 것이
좋대. 암모니아를 분해하는
질화 세균이 번식할 수 있도록.

3~4일 정도 후에 물고기를
집어 넣어.

내가 5초 먼저 입주한
선배다. 맞먹지 마.

흥

일주일에 한 번 1/5이나 1/4 정도
부분 물갈이를 해 주자.

한 번에 너무
많은 양의
물을 갈아 주면
수질이 급격히
바뀌어 좋지
않아.

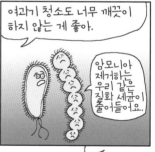

여과기 청소도 너무 깨끗이
하지 않는 게 좋아.

암모니아
제거하는
우리 같은
질화 세균이
줄어들어요.

매일 어항만 들여다보고 있고 공부는 안 하고!
도대체 물고기 기르는 게 언제 생명 과학 공부에 도움이 된다는 거니?

시끄러
인간들아.

엄마 위의
내용이 모두
생명 과학 공부인데요.

5장

생물의
다양성과 진화

18

뉴욕시에서
신종 개구리가
발견되었다고?

여러분은 지구 위에 존재하는 생물의 종(種) 수
가 얼마나 된다고 생각하세요? 학자들에 의하면 현재 지구 위에
는 약 1천만 종의 생물이 살고 있다고 해요. 정말 놀라운 숫자지
요? 물론 이 숫자는 현재 땅 위에서, 혹은 바닷속에서 살고 있는
생물의 종류만 예상한 것이지 공룡처럼 오래전에 멸종한 생물이
나 박테리아와 같은 원핵생물의 종 수는 포함하지 않은 것이에요.

그렇다면 우리는 이 생물들의 이름을 다 알고 있을까요? 불행히도 그렇지 못하답니다. 이 많은 생물 종 가운데 지금까지 학자들이 새로 발견하고 이름, 즉 학명을 붙여 준 생물은 160만 종밖에 되지 않아요. 아직도 80% 이상의 생물이 학계에 알려지지 않고 숨어 있어요.

》 새로운 생물을 발견하려면 《
오지로 가야 할까?

'생물 다양성'을 연구하는 과학자들은 새로운 생물 종을 발견하려는 시도를 계속하고 있어요. 이들의 노력에 의하여 연간 약 1만 5천 종 이상의 새로운 생물이 학계에 소개되지요. 이들 새로운 생물 종은 어디에서 쉽게 발견할 수 있을까요? 물론 아마존의 정글, 사람의 발길이 잘 미치지 않는 호주나 중국의 오지에서 새로운 생물 종이 발견될 확률이 가장 높겠지요. 그래서 생물 다양성을 연구하는 학자들은 아무도 들어가 보지 않았던 정글 깊숙한 곳이나 외딴 섬, 깊은 바닷속을 뒤져서 새로운 생물 종을 찾아내어요. 최근 쿠바가 새로운 생물 종을 발견하기 위한 아주 좋은 장소로 급부상하고 있어요. 그 이유는 물론 쿠바가 대륙으로부터 떨어져 있는 섬이기도 하지만 그동안 미국과 국교가 단절되어 있었기 때문에 서방 과학자들의 왕래가 힘들었기 때문이기도 하지요.

그렇다면 새로운 생물을 발견하려면 오지를 찾아가거나 그동안 탐험이 힘들었던 장소를 찾아가야만 할까요? 꼭 그렇지만은 않아요. 여러분은 과학관이나 박물관에 갔을 때 나무 상자 안에 들어 있는 생물 표본을 많이 보았을 거예요. 실제로 이렇게 오래된 박물관의 생물 표본 중에서 새로운 종이 발견되는 경우도 많이 있다고 해요. 여러분이 관심만 조금 기울인다면 우리나라의 학교나 오래된 박물관에 보관되어 있는 곤충 표본으로부터 새로운 곤충 종을 발견할 수 있을지도 몰라요. 왜 하필 곤충이냐고요? 곤충의 종류는 지구상 전체 동물 종류의 90%가 넘을 정도로 많기 때문이에요.

》 겉모습만으로 《
종을 판별할 순 없어

굳이 과학관의 먼지 앉은 표본을 뒤져 보지 않고도 여러분이 사는 근처의 공원에서도 새로운 생물 종을 찾을 수 있을지도 몰라요. 불과 몇 년 전인 2014년 미국의 뉴욕시에서 새로운 개구리 종이 발견되었어요. 1986년 이후 북미에서는 두 번째 발견이고 뉴욕을 포함한 미국 뉴잉글랜드 지역에서는 128년 만에 처음으로 보고된 양서류의 신종이라고 해요. 서울보다도 훨씬 더 복잡한 대도시 뉴욕에서 새로운 종의 개구리가 발견되었다니 정말 신기하지요?

이 신종 개구리를 발견한 파인버그는 박사 학위 논문 주제로 남방표범개구리(southern leopard frog)를 연구했던 경험이 있어요. 그는 기존에 자기가 알고 있던 남방표범개구리의 울음소리와는 다른 방식으로 우는 개구리의 울음소리를 산책 중에 듣고 깜짝

놀라 이 신종 개구리를 채집했어요. 하지만 새로 채집한 개구리가 박사 과정 논문을 준비하느라 오랫동안 보아 왔던 남방표범개구리와 겉모습이 똑같아 처음에는 조금 실망했다고 해요. 똑같은 개구리 종인데 뭔가에 이상이 생겨 우는 방식만 달라진 개구리일 가능성도 있었으니까요. 하지만 이 개구리의 유전자 검사를 한 후 파인버그는 자신이 새로운 개구리 종을 발견한 것을 알고 굉장히 기뻐했다고 해요. 실제로 겉모습으로는 거의 유사한 두 생물이 유전자 검사를 해 보면 완전히 다른 종인 경우가 많이 있지요.

반면에 겉모습은 완전히 다르지만 실제로는 같은 생물인 경우도 많이 있어요. 우리가 잘 아는 꿩의 수컷과 암컷은 같은 생물 종이지만 완전히 다른 모습을 하고 있고, 완전 변태를 하는 곤충들도 유충일 때와 성충이 되어서의 겉모습이 완전히 다르지요.

이러한 이유들로 인해 최근의 생물 분류학은 유전자의 염기 서열을 분석하는 분자 생물학적인 방법을 필수적으로 이용하고 있어요. 생물의 형태와 습성을 관찰하여 분류 기준으로 삼던, 어떻게 보면 가장 오래된 생명 과학의 한 분야인 분류학이 최근 분자 생물학 실험 방법을 접목하여 새롭게 발전하는 분야로 떠오르고 있지요. 앞으로 미래의 생명 과학자를 꿈꾸는 학생들은 한번쯤 도전해 볼 만한 재미있는 주제라고 생각해요.

19

무화과 안에서
벌이
죽는다고?

앞에서 고등 동물의 세포 안에서 셋방살이를 하게 된 미토콘드리아의 조상인 박테리아에 대해서 공부했지요? 이렇게 세포의 내부에 다른 세포가 공생하게 된 경우도 있습니다만, 생명 과학에서 이야기하는 대부분의 공생은 한 개체와 다른 개체의 공생을 의미합니다. 굳이 잘 알려진 악어와 악어새, 집게와 말미잘의 예를 들지 않더라도 지구상의 많은 생물들은 서로 도움을 주고받으면서 공생하는 관계를 유지하며 살아가고, 또한 서로 영향을 주고받으며 진화해 왔습니다.

》무화과와《
무화과 벌의 공진화

곤충에 의해 꽃가루받이가 되어야 하는 식물의 꽃 모양과 곤충의 입 모양이 같이 진화한 것처럼, 두 종류의 생물 종이 서로 영향을 주고받으면서 진화하는 경우를 우리는 '공진화'라고 부릅니다. 그러한 공진화의 아주 재미있는 예 중 하나인 무화과와 무화과 벌의 공진화에 대해서 이야기해 볼게요.

여러분은 무화과를 먹어 본 적이 있나요? 저는 어렸을 때 말린 무화과를 처음 먹어 보았어요. 마치 찌그러진 호두 껍질 같은 모양인데 어울리지 않게 안에는 달콤한 속살이 있고 바삭바삭한 씨 같은 것이 씹혀서 무척 맛이 좋았지요. 요즘은 말리지 않은 생무화과도 시장에 많이 보이던데 예전에도 남부 지방에서는 생 무화과의 형태로 많이 유통되었다고 하더군요.

이 과일의 이름이 무화과인 이유는 겉으로 보아서 꽃이 보이지 않기 때문이라고 해요. 실제로 무화과 꽃은 우리가 무화과라고 부르는 과일 안쪽에 있어요. 무화과 안에 굉장히 많은 작은 꽃이 있는 형태지요. 꽃은 식물의 생식 기관으로서 수술의 꽃가루가 암술 위에 수분이 되어야 과일이 만들어져요. 그렇다면 꽃가루가 암술에 접근할 수 있는 방법은 어떤 것들이 있을까요? 가장 많이 알려진 나비나 벌과 같은 곤충에 의해 수분이 되는 충매화, 바람에 의해서 꽃가루가 날아가 암술머리에 접촉하게 되는 풍매화, 벌새와 같은 작은 새에 의해 수분이 일어나는 조매화와 같은 특별한 경우도 있어요. 그렇다면 바깥쪽으로 꽃이 노출되어 있지 않은 무화과의 경우에는 어떻게 수분을 할 수 있을까요?

》 무화과 벌이 《
무화과 안에서 알을 낳더니

무화과의 수분을 위해서는 아주 작은 말벌 종류인 무화과 벌이 필요합니다. 이 무화과 벌 암컷은 아직 성숙하지 않은 무화과에 뚫린 작은 구멍으로 기어들어 갑니다. 물론 그 구멍은 너무나 작아서 우리가 주변에서 흔히 보는 꿀벌은 절대 들어가고 싶어 하지 않을 정도의 크기이지요. 일단 무화과 안으로 들어간 암컷 무화과 벌은 무화과 안에서 알을 낳게 되어요. 알을 낳고 난 암컷 무화과 벌은 날개도 잘려 나가고 더듬이도 부러져서 밖으로 나오지 못하고 무화과 안에서 일생을 마감하게 되지요.

알에서 깨어난 무화과 벌 애벌레들은 포근한 무화과 안에서 무화과로 자라게 될 조직을 먹고 무화과 벌로 우화해요. 갓 태어난 무화과 벌 수컷은 역시 무화과 안에서 태어난 무화과 벌 암컷과 교미한 후 굉장히 중요한 또 하나의 일을 수행한다고 해요. 무엇일까요? 무화과 벌 수컷은 자기의 유전자를 가지고 있는 알을 밴 무화과 벌 암컷이 무화과 밖으로 나갈 수 있도록 무화과에 구

멍을 파야만 해요.

그렇기 때문에 무화과 벌 수컷은 굉장히 잘 발달된 턱을 가지
고 있어요. 이 턱으로 무화과 안에서 암컷과 먼저 교미하기 위해
다른 수컷들과 싸우고, 자신과 교미한 암컷이 무화과 밖으로 나갈
수 있는 터널을 만들어야 하기 때문이지요. 무화과에 구멍을 파고
밖으로 나온 무화과 벌 수컷은 날개도 없어서 어디로 날아가지도
못하고 곧 죽게 되어요. 반면에 수컷의 도움으로 밖으로 나온 무
화과 벌 암컷은 자신의 몸에 묻힌 무화과 꽃가루를 가지고 다시

생물의 다양성과 진화

다른 무화과 안으로 들어가 알을 낳아서 무화과 벌의 생애 주기를 반복하지요.

무화과와 무화과 벌은 무려 9천만 년 전부터 같이 진화해 왔다고 해요. 무화과도 무화과 벌이 없으면 수분이 되지 않으므로 생존할 수 없고, 무화과 벌도 무화과 속과 같은 아늑한 곳이 없으면 절대 자신의 애벌레를 키울 수 없어요. 이러한 작은 무화과 벌 덕분에 우리는 맛있는 무화과를 먹을 수 있어요. 조심할 것은 간혹 무화과 안에 알을 낳고 죽은 무화과 벌 암컷의 시체가 발견될지도 모른다는 거예요. 대부분 분해되어 무화과에 흡수된다고 하니까 너무 걱정하지는 마세요.

20

초파리를
암실에서
60년간 키우면?

진화에 대해서 여러분은 어떻게 생각하세요? 여러분도 대부분 진화론이 확실한 사실이라고 믿고 있지요? 그동안 많은 과학자들이 진화의 증거를 보여 주었기 때문에 진화론은 이제 하나의 가설을 떠나서 정설로 자리 잡았고, 현대 생명 과학을 떠받치는 근간을 이루는 이론으로 발전하였지요. 하지만 실험적으로 관찰할 수 있는 진화의 직접적인 증거를 짧은 시간 안에 발견한다는 것은 사실 굉장히 어려운 일이에요. 우리 인류가 미래에 완전히 다른 새로운 종으로 진화할 수 있다는 가설을 사실로 받아들인다 해도, 거울 속의 나는 오늘도 똑같고 내일도 똑같고 모레도 똑같이 보일 뿐이고 주변에서 새로 태어나는 아기들을 보아도 몇 십 년 동안 전혀 모습이 달라지지 않았지요. 진화는 그만큼 천천히 일어나는 과정이고 우리의 삶은 진화의 실질적인 증거를 동시간대에 관찰하기에는 너무나 짧기 때문이에요. 포켓몬스터의 변신과 같이 짧은 시간에 관찰되는 진화는 만화 속에서나 볼 수 있지요.

》초파리가 실험동물로 《
많이 쓰이는 이유는?

실험실에서는 많은 실험동물들이 사용되고 있어요. 사람을 대상으로 실험을 할 수 없기 때문에 신약 개발 스크리닝 등에 사용하기 위해 생쥐, 토끼, 개 등의 비교적 고등한 포유동물도 사육되고 있어요. 발생 생물학 실험에 주로 사용되는 아프리카발톱개구리, 제브라피쉬, 예쁜꼬마선충 등도 실험실에서 자주 볼 수 있는 동물들이지요.

반면 유전학 연구를 위해서 가장 많이 쓰이는 실험동물은 역시 초파리예요. 왜 초파리가 유전학 동물 모델로 가장 많이 사용될까요? 여러 실험동물과 비교해서 가장 뛰어난 초파리의 장점은 성장 기간이 짧다는 것이에요. 초파리의 알에서 깨어난 애벌레는

8일 정도 후면 번데기가 되어요. 번데기의 상태로 6일을 보내면 어른벌레 초파리로 우화하게 되어 몇 주 동안 더 살아갈 수 있지요. 온도만 잘 맞추어 주면 열흘에 한 번씩 실험실에서 새로운 초파리를 태어나게 할 수 있어요.

이렇게 빠른 초파리의 성장 속도에 착안하여 1954년 일본 교토 대학의 생태학자 슈이티 모리 교수는 진화 생물학 역사상 가장 오랜 시간이 걸리는 실험을 시작하게 되어요. 초파리를 키우는 용기 위에 검은 천을 덮어서 초파리를 어둠 속에서 아주 오랜 시간 동안 키운 후 생기게 될 초파리의 변이를 관찰하고자 한 것이지요. 초파리는 다른 실험동물에 비해서 성장 기간이 짧기 때문에 아주 오랫동안 어두운 상태에서 계속 키우면 무엇인가 초파리의 외형이나 유전자가 변하여 진화의 증거로 삼을 수 있지 않을까 생각했던 것이지요.

》진화의 살아 있는 《 증거를 찾아라!

초파리를 완전한 어둠에서 몇 십 년 동안 키우면 어떤 변이가 생길 수 있을까요? 빛이 하나도 없는 깊은 동굴 속에서 사는 곤충이나 갑각류의 눈이 퇴화되었듯이 초파리의 눈도 퇴화하지 않을까요? 하지만 모리 교수는 이 실험의 끝을 보지 못하고 2007년에 눈을 감고 말았어요. 죽기 전에 얼마나 그 암실 안에 갇힌 초파리를 들여다보고 싶었을까요? 너무나 궁금했겠지요? 저라면 50년

정도 지났으니 충분히 오랜 시간이 지났다고 생각하여 한번 열어
볼 만도 했을 텐데요.

　모리 교수가 사망했다고 해서 이 장대한 프로젝트가 도중에
끝났을까요? 아니지요. 교토 대학의 후배 과학자인 나오유키 후
세가 이 실험을 이어받아 진행하게 되었어요. 현재 이 초파리들은
1500세대 이상을 완전한 어둠 속에서 자라왔어요. 사람의 시간으
로 환산하면 약 3만 년 정도 된다고 해요. 하지만 과학자들이 기대
했던 것과는 다르게 어둠 속에서 아주 오랜 시간을 보낸 초파리들
은 크게 다르지 않은 모습이라고 해요. 시각을 잃거나 눈이 퇴화

하거나 하지도 않고 오히려 갑작스러운 빛에 더 빠르게 반응을 한다고 하네요. 하지만 조금 바뀐 성질도 있다고 해요. 머리의 감각 기관인 털이 조금 더 길어졌고 특정 냄새에 더 잘 반응한다고 해요. 아마도 어둠 속에서 오랜 시간 동안 적응한 결과이겠지요?

　　나오유키 후세는 이 초파리를 가지고 선배 과학자 슈이티 모리는 하기 어려웠던 유전자 분석을 시도하였어요. 그 결과로 빛 수용체, 냄새 수용체 등의 유전자에 돌연변이가 있는 것을 보고하였어요. 겉보기에는 큰 차이가 없어도 오랜 시간 동안 지속된 환경의 변화가 유전자의 변이를 일으킨 것이지요. 아마도 더 오랜 시간 동안 어둠 속에서 키우면 이 초파리들은 더 다양한 변화를 보여 줄지도 몰라요. 이것이야말로 진화의 살아 있는 증거지요. 세포 안에 있는 유전자가 먼저 진화에 의해 변하게 된 후, 더 오랜 시간이 지나게 되면 그 유전자 변이의 효과가 겉으로 드러나게 되는 것 같아요.

21

우웩,
맛있는 치킨이
공룡의
후손이라고?

치킨 좋아하지요? 우리나라에서만 일 년에 거의 10억 마리의 닭이 도축된다고 합니다. 닭고기는 돼지고기나 소고기에 비해 가격이 저렴하고 다양한 조리법이 개발되어 있는데, 특히 치킨이라고 통칭되는 닭튀김은 우리 국민들이 가장 좋아하는 야식으로 자리 잡았지요. 치킨과 더불어 아빠들이 즐겨 마시는 맥주의 조합인 치맥은 한류 관광 상품으로까지 개발이 되었다니 정말 우리나라를 대표하는 먹거리라고도 할 수 있습니다. 그런데 여러분은 닭이 사실은 공룡의 후손이라는 것을 알고 있나요?

혹시 닭을 포함한 조류보다는 파충류가 겉보기에 더 공룡과 유연관계가 가깝다고 생각하지 않았나요? 영화에서 보는 공룡의 모습도 현존하는 닭과 같은 조류보다는 도마뱀이나 악어와 같은 파충류에 더 가깝게 보이기는 하지요. 특히 코모도왕도마뱀 같은 경우는 그 큰 몸집으로 인해 거의 살아 있는 공룡으로 불려요. 조류는 날개가 있고 부리와 깃털이 있는 것이 특징인 반면, 파충류는 비늘로 덮인 피부가 있다는 점에서 공룡은 겉보기에는 현재의 파충류와 더 가까운 것처럼 보이기도 합니다.

》생물 분류 기준은 현재의 모습일까?《 조상일까?

이러한 혼란이 일어나는 이유는 생물을 분류하는 학문인 분류학의 생물 분류 기준이 서로 다른 두 가지가 존재하기 때문이에요. 1730년대 린네가 제시한 린네 분류 체계는 생물들을 당시 시점에서의 특징에 의해 분류하였지요. 린네 분류 체계에 의하면 비늘을 가지고 있는 냉혈 동물은 파충류이고, 깃털을 가지고 있는 온혈 동물은 조류라고 구분되지요. 하지만 1940년대 헤닉이 제창한 계통 분류학에 의거한 새로운 분류 체계에 의하면, 공룡은 현재의 뱀이나 도마뱀 같은 파충류보다는 조류에 더 가깝다고 해요. 계통 분류학적인 생물 분류 방법은 생물들의 현재의 모습보다는 진화적 관점에서 생물들의 공통 조상을 이용해 분류하는 방법이에요. 지구상에 존재하는 모든 생물이 어느 한 순간 동시에 생겨난 것이 아니므로 생물의 진화에 기초하여 생물을 분류하는 계통 분류학적인 분류가 좀 더 과학적인 방법이겠지요?

약 3억 년 전 공통 조상으로부터 수궁류라고 분류되는 동물들이 출현하여 현존하는 포유류로 진화하였고, 그 이후에 조룡류라 불리는 동물들이 공통 조상으로부터 갈라져 나와 공룡으로 진화하였어요. 현재 지구상에 남아 있는 파충류인 도마뱀이나 뱀의 선조가 공통 조상으로부터 갈라져 나온 시간과 공룡의 조상인 조룡류가 갈라져 나온 시간과는 차이가 난다고 해요. 그러므로 뱀, 도마뱀과 같은 현존 파충류는 공룡의 후예라고 보기에는 좀 힘들다고 할 수 있고, 공룡과 같은 조상을 가지고 있다고 하는 것이 좀 더 정확한 표현이에요.

》 닭이나 비둘기가 《
공룡의 후예

현존하는 파충류의 조상보다는 공룡이 훨씬 더 성공적으로 지구의 환경에 적응하여 그야말로 공룡의 시대를 이끌면서 한동안 지구 역사의 주인공으로 활약했지요. 하지만 6천 5백만 년 전 공룡의 대멸종이 있었고, 깃털을 가진 공룡의 몇 종류가 대멸종을 견뎌 내고 살아남아 현재의 조류로 진화했다고 해요. 최근에 깃털을 가진 공룡의 화석이 발견되면서 공룡은 냉혈 동물이 아닌 지금의 조류와 같은 온혈 동물이었을 가능성도 제시되고 있지요.

또한 조류가 공룡의 후예라는 분자 생물학적 증거 또한 발표되었어요. 미국 노스캐롤라이나 주립대학의 고생물학자 메리 슈바이처는, 2003년 미국 몬타나주에서 발견된 6800만 년 된 티라노사우르스의 다리뼈에서 단백질의 일종인 콜라겐 섬유를 발견하였어요. 이 공룡 콜라겐 샘플을 하버드 의대로 보내서 분석해 본 결과 티라노사우르스의 콜라겐 단백질이 닭의 콜라겐 단백질과 거의 같은 아미노산 조성을 가지고 있다는 것을 알게 되었어요.

공룡은 사라지지 않았어요. 다만 우리가 자주 먹는 닭이나 매일 등굣길에서 마주치는 비둘기로 진화하여 우리 곁에 머물고 있는 것이지요. 오늘 저녁에 먹게 될 치킨의 뼈를 자세히 관찰해 볼까요? 공룡의 뼈와 유사한 점을 한번 찾아보세요.

22

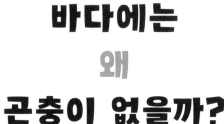

바다에는
왜
곤충이 없을까?

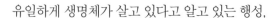

유일하게 생명체가 살고 있다고 알고 있는 행성, 바로 우리가 지금 숨 쉬면서 살고 있는 지구 위에는 우리 인간 외에도 약 1천만 종의 생명체가 함께 살아가고 있어요. 이 중 약 160만 종에게 학자들이 학명을 부여하였는데요, 그중 가장 많은 비율을 차지하는 생물 종류는 무엇일까요?

분류 기준에 따르면 절지동물문 곤충강에 속하는 곤충이 160

만 종의 절반 이상인 90만 종을 차지한다고 해요. 다른 동물 분류군에 비해 놀라울 정도로 많은 종류지요? 곤충 중에서도 가장 종류가 많은 것은 딱정벌레 무리라고 해요. 우리 인류는 스스로가 지구의 주인이라고 생각하고 있지만 실제로 지구의 주인은 무당벌레, 사슴벌레, 장수풍뎅이와 같은 딱정벌레일지도 몰라요. 도대체 곤충은 왜 이렇게 많은 종으로 진화하였을까요?

》 지구의 주인은 《
딱정벌레?

과학자들은 곤충이 많은 종으로 분화한 이유에 대하여 여러 연구를 해 왔어요. 연구 결과에 따르면 첫 번째 이유는 곤충이 지구상에서 아주 오랫동안 존재해 왔기 때문이에요. 지구상에 첫 곤충이 등장한 것은 약 4억 7천 9백만 년 전이래요. 곤충이 오랜 시간 동안 멸종하지 않고 지구를 지켰기 때문에 진화할 시간이 그만큼 많았다는 것이지요.

두 번째 이유는 멸종할 확률이 상대적으로 적었기 때문이에요. 과학적인 근거가 아주 충분하지는 않지만 핵전쟁이 지구를 휩쓸어 눈에 보이는 모든 생물이 멸종한다고 하더라도 끝까지 살아남을 동물이 바퀴벌레라는 이야기를 들어 보았지요?

세 번째 이유는 우리도 쉽게 상상할 수 있는데 곤충이 날개를 가지고 있기 때문이에요. 아무래도 날개를 이용해서 멀리 날아가 다른 환경에 적응해 가면서 새로운 종으로 진화할 기회가 많았겠지요. 또한 딱정벌레의 경우 날지 않을 때는 거추장스러운 날개를 겉 날개 속에 접어 넣을 수 있어서 포획자의 눈에 쉽게 띄지 않아요. 그러니 덜 잡아먹혀서 오랫동안 살아남아 진화하였다고 설명하는 학자도 있어요.

네 번째 이유는 곤충이 변태하기 때문이에요. 메뚜기나 사마귀처럼 알에서 성체 곤충의 축소판인 애벌레가 나와서 여러 번 허물을 벗은 후 어른벌레가 되는 불완전 변태가 있고, 모기나 사슴벌레처럼 애벌레, 번데기, 어른벌레의 세 단계를 거치는 완전 변태를 하는 곤충도 있지요. 변태를 하는 곤충들은 애벌레 시절과 어른벌레 시절에 전혀 다른 환경에서 자라기도 해요. 매미의 애벌레는 몇 년 이상 땅속에서 살다가 어른벌레가 되면 나무 위로 올라가서 날아다니고, 개똥벌레의 애벌레는 개울물 속에서 고둥을 잡아먹고 살다가 어른벌레가 되면 풀숲에서 꼬리에 불을 켜고 날아다니지요.

이렇게 성장함에 따라 서로 다른 환경에 접하며 살아왔기 때문에 좀 더 다양하게 진화할 확률이 높아졌다고 해요. 환경의 다양한 변화는 생물이 여러 가지 형태로 진화하도록 하는 힘이 있거든요.

» 곤충은 다양한 《
니치를 갖고 있어

곤충의 종류가 엄청나게 많아진 가장 중요한 이유는 아무래도 그 생태적 지위, 즉 니치(niche) 때문일 거예요. 니치, 어려운 단어지요? 우리나라 말로는 적절한 한 단어 번역이 없어요. 여러분은 니치 마켓이라는 말을 들어 보았나요? 수요가 비어 있는 틈새시장이라는 뜻이지요. 경쟁이 치열해진 현대 사회에서 사업에 성공하려면 남들이 잘하지 않지만 잠재적 수요가 있는 시장을 뚫어야 한다는 이야기를 할 때 많이 쓰는 표현이지요. 니치가 무엇을 의미하는지 알겠지요?

곤충은 무척 다양한 니치를 가지고 있어요. 다른 생물들이 좋아하지 않는 것도 먹고 살 수 있고 다른 생물들이 싫어하는 곳에서도 살고 있어요. 말이나 소의 대변을 먹고 사는 소똥구리나 새나 짐승의 사체를 주로 먹고 사는 송장벌레도 아주 많은 종류가 있어요. 날도래의 유충은 비교적 물살이 센 개울에서 작은 돌을 몸에 접착시켜 집을 만들어 바위 같은 곳에 붙어서 살아요. 아무도 살지 않는 연못이나 개울 수면 바로 위 공간을 미끄러지듯이 다니면서 살고 있는 소금쟁이도 있어요. 이렇게 다양한 환경에 적응할 수 있었기 때문에 곤충은 굉장히 많은 종으로 분화할 수 있었던 것이에요.

그렇다면 지구 표면의 70%를 덮고 있는 바다에는 왜 곤충이 거의 없을까요? 정말 이상하지요? 이 이유도 학자들 사이에 의견이 분분합니다. 곤충은 바다의 짠 소금물을 견디지 못한다거나 바닷물 비중이 높아서 곤충이 잠수하기 힘들다는 등 여러 이유를 드는 학자들이 있지만 사실 진화를 생각한다면 그러한 이유들은 적절한 설명이 되지 않아요. 왜냐하면 바다에 적응하여 높은 소금 농도에 익숙하도록 진화한 곤충이 충분히 생겨날 수 있을 테니까요.

아마도 가장 적절한 이유는 바로 이 니치 때문일 거예요. 곤충과의 공통 조상으로부터 아주 오래전에 진화해서 출현한 갑각류가 곤충이 차지해야 할 니치, 즉 생태적 지위를 차지하고 있기 때문이라고 생각해요. 새우, 게, 따개비, 갯강구 들의 갑각류가 곤충이 진출하기 전에 바다에 이미 자리 잡고 있었거든요. 바다에 곤충이 거의 존재하지 않는다는 사실은 진화의 또 다른 증거라고 할 수도 있어요.

어디 감히 바다를 넘봐?

생물의 다양성과 진화

23

사슴벌레
수입이
금지된 이유는?

　자, 또 애완동물 이야기입니다. 요즘 집에서 많이 키우는 개나 고양이는 애완동물이라고 잘 부르지 않고 반려동물이라고 불러요. 그야말로 사람과 같이 사는 동반자, 가족의 일원이라는 의미이지요. 저도 예전에 단독 주택에 살 때는 개를 한번 길러 보았어요. 그때는 집 안에서 키우지 않고 마당에서 개를 길렀지요. 요즘은 많은 사람들이 마당이 없는 아파트에 사니까

실내에서 개를 키우고, 심지어는 같은 침대에서 잠도 같이 자는 것을 보면 애완동물보다는 반려동물이라는 말이 더 어울리는 것 같아요.

반려동물이라고 불리려면 어느 정도 사람과 교감을 가질 수 있어야만 할 것 같아요. 포유동물인 햄스터나 몇몇 관상용 새들은 주인을 알아보기도 하는 것 같으니 반려동물이라고 부를 수 있겠지요. 하지만 아무리 너그럽게 생각해 보아도 애완용으로 키우는 곤충은 반려동물보다는 그냥 애완동물이라고 부르는 것이 좋겠지요?

》 사슴벌레, 《
넘 좋아~

저도 어린 시절에 사슴벌레를 잡아서 집에서 많이 키웠어요. 당시에는 요즘 애완용 곤충의 먹이로 주로 사용하는 곤충젤리 같은 것은 없어서 설탕물이나 꿀을 밥으로 주면서 사슴벌레를 키웠지요. 흔한 넓적사슴벌레만 보다가 당시에 '사슴'이라는 은어로 불리던 검붉은 몸체를 자랑하는 톱사슴벌레를 발견하고는 굉장히 좋아했던 기억이 있어요. 밤마다 친구들끼리 랜턴을 하나씩 들고 근처의 야산으로 달려가서 사슴벌레를 채집했지요. 아직도 당시의 재미있었던 일이나, 사슴벌레의 큰 턱에 물려 아파하던 일이 생생하게 기억나요.

사실 사슴벌레와 같은 딱정벌레류는 딱딱한 외골격으로 이루어진 당당한 모습, 어떻게 보면 로봇과 같은 모습이 어린이들이나 동심을 가진 어른들에게 굉장히 큰 매력으로 작용하지요. 딱정벌레를 소재로 한 장난감도 많고 딱정벌레 모양을 한 캐릭터가 등장하는 만화도 많아요. 이렇게 매력적인 딱정벌레는 요즘 농장에서 대량으로 번식 사육되면서 유망한 사업 아이템으로 자리 잡았어요. 우리나라의 애완 곤충 시장의 규모는 연 500억 원 가까이 된다고 해요. 주로 사슴벌레나 장수풍뎅이 종류가 애벌레나 어른벌레의 형태로 많이 유통되고 애벌레의 먹이인 발효톱밥, 어른벌레를 키우기 위한 곤충젤리, 사육 통 등의 시장도 점점 커지고 있다고 해요.

》생태계를 《
교란할 수 있기 때문

사슴벌레나 장수풍뎅이를 키우다 보면 외국의 사슴벌레나 장수풍뎅이 종류에 관심이 갈 수도 있어요. 사슴벌레의 예를 들자면 우리나라 토종은 약 10여 종이지만 전 세계적으로는 몇 백 종류의 사슴벌레가 있고, 크기도 크고 색깔도 화려한 녀석들이 많지요. 간혹 인터넷을 찾아보면 이러한 외국 곤충의 애벌레나 성충을 분양한다는 글을 볼 수가 있어요.

하지만 안타깝게도 이러한 외국 곤충들을 우리나라에서 기르는 것은 불법이에요. 그냥 표본으로 만족할 수밖에 없어요. 왜 그럴까요? 네, 맞아요. 이들이 우리나라의 생태계를 교란할 수 있

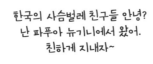

기 때문이에요.

　　우리나라에서는 황소개구리, 큰입배스, 붉은귀거북, 뉴트리아 등이 생태계 교란 동물로 지정되어 있어요. 이들이 식용이나 기타 다른 용도로 수입된 후 우리나라의 자연에 방류되면서 국내의 토종 생물들과 경쟁하게 되었고, 토종 생물들이 멸종의 위험에 처하게 되었기 때문이지요. 가까운 늪지나 연못가에 가 보면 엄청난 크기의 황소개구리 올챙이와 황소개구리를 쉽게 볼 수 있어요. 이들의 존재 자체가 당장 우리에게 위협

　생물의 다양성과 진화

을 준다고는 할 수 없지만 전체 생태계의 건전한 유지를 위해서는 현지 적응력이 뛰어난 외래종의 갑작스러운 도입은 경계해야 할 필요가 있어요.

왜 그럴까요? 어린 시절 자연에서 보고 자랐던 토종 생물들이 어른이 된 후 사라지게 되면 섭섭하기 때문에 그런 것일까요? 그것뿐만은 아니에요. 우리가 오랫동안 주변에서 보고 같이 자라온 생물들에 대한 정서적 공감 외에도 생물의 다양성이라는 것이 우리의 생태계를 지키는 가장 기본적인 요건이기 때문이지요.

》 박테리아와 같은 《 미생물이 더 큰 문제야

생태계를 이루는 생물들은 먹이 사슬, 공생 등의 관계로 서로 다양하게 얽혀 있어요. 외국의 양서류나 어류 등이 우리 하천을 점령하면서 우리 토종 물고기나 개구리들이 멸종 위기에 처해 있어요. 외국의 곤충은 어떨까요? 우리나라의 곤충 애호가들이 탐을 내는 크고 화려한 열대 지방의 곤충은, 아마도 추운 우리나라의 겨울에 적응하지 못해서 몇 마리가 자연으로 유출된다고 해도 당장 큰 위험이 되지 않을지도 몰라요.

사실 더 큰 문제는 그 외국산 곤충들의 몸에 붙어 있는 박테리아와 같은 미생물이에요. 이들이 한국의 동식물, 더 나아가서는 우리의 건강에 어떠한 영향을 미칠지 알 수 없기 때문에 외국 곤충의 수입을 금지하는 거예요. 같은 이유로 외국 과일, 소시지나

햄과 같은 외국산 축산 가공품도 검역을 거쳐야만 우리나라로 들여올 수 있어요. 글로벌 시대에 외국의 문화는 국경 없이 우리나라에 들어오고 있지만 외래 생물의 유입에는 어느 정도 규제가 필요해요.

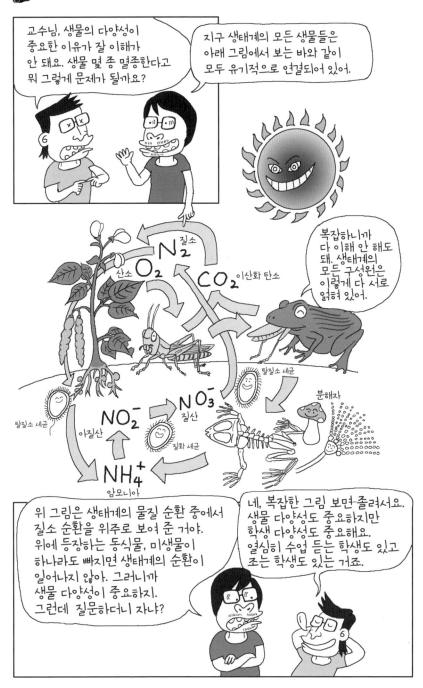

6장

생명 과학이
건강에 도움이 될까?

24

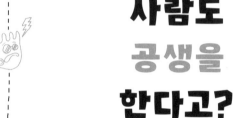

사람도 공생을 한다고?

그동안 신기한 공생에 대하여 많이 공부해 보았
지요? 우리 세포에서 내부 공생으로 같이 진화해 온 미토콘드리
아, 그리고 무화과와 무화과 벌의 신기한 공진화도 살펴보았어요.
그런데 여러분, 우리 인간들이 굉장히 많은 수의 생물과 공생하고
있다는 사실을 아세요? 우리 세포 안에 숨어서 공생하여 오래전
에 세포의 일부분이 되어 버린 미토콘드리아와의 내부 공생 말고

요, 우리 인간들과 아주 친밀한 공생을 하고 있는 생물이 있답니다. 사람 한 명이 무려 39조(39,000,000,000,000) 마리의 생물과 공생하고 있어요. 네, 39조예요. 39만도 아니고 39억도 아니고 39조요. 엄청나게 큰 숫자지요? 그렇다면 사람 한 명에 39조 마리나 같이 공생하고 있는 이 생물은 무엇일까요? 네, 똑똑한 여러분이 이미 짐작했겠지만 바로 박테리아와 같은 미생물들이에요.

》 엄청나게 많은 《
군식구들과 살다니

우리 몸은 약 30조 개의 세포로 이루어져 있습니다. 그런데 우리 몸에서 같이 살고 있는 미생물은 약 39조 마리입니다. 사실 예전에는 39조 마리보다 더 많은 100조 마리 정도, 그러니까 사람 세포의 숫자보다 훨씬 많은 미생물들이 같이 살고 있다고 어림짐작했어요. 하지만 가장 최근의 연구에 의하면 사람의 몸을 이루는 세포의 숫자와 사람의 몸에서 살고 있는 미생물의 숫자는 각각 30조와 39조로 거의 1:1.3의 비율이 된다고 해요. 그래도 여전히 엄청나게 많은 군식구들과 같이 살고 있는 상황이지요?

과연 이들 미생물은 우리 몸의 어디에 살고 있을까요? 우리 몸의 피부, 입안, 콧속, 그리고 소화 기관 안에 주로 살고 있어요. 그렇다면 이들은 우리 몸에 어떤 영향을 끼치고 있을까요? 흔히 박테리아와 같은 미생물은 병을 일으키는 병원균으로 알려져 있어 우리 몸에 이렇게 많은 미생물이 공생하고 있다는 사실을 받아들이기 힘들어하는 사람들도 있어요. 물론 병을 일으키는 미생물도 많이 있지요. 하지만 우리에게 유익한 영향을 미치는 미생물이 더 많답니다.

예를 들어 볼까요? 우리의 소화 기관 안에 살고 있는 미생물은 식이섬유를 지방산으로 분해하여 우리가 영양분으로 사용할 수 있게 해 주고요, 비타민 B와 비타민 K의 합성도 해 줍니다. 피부 위에서 살고 있는 미생물은 대부분 무해하고 피부가 외부의 나쁜 병원성 박테리아에 감염되는 것을 막아 주는 역할을 하지요. 이들 좋은 미생물이 피부에서 분비되는 여러 물질을 영양분으로 삼고 살아가기 때문에 병원성 박테리아가 피부에 자리 잡지 못하는 것입니다. 물론 피부 위에서 병원균으로부터 보호하는 역할을 담당하는 미생물도 상처를 통해 피부 조직 안으로 들어가게 되면 염증 등을 유발시킬 수 있어요. 그렇기 때문에 상처가 생겼을 때 적절한 소독이 필요하지요.

》우리 몸에는《 10,000종의 미생물이 산다

그렇다면 우리 몸에서 같이 살고 있는 미생물들은 과연 몇 종류나 될까요? 2012년 미국 국립 보건원에서 인간 마이크로바이옴 프로젝트(human microbiome project)의 연구 결과를 발표하였어요. 마이크로바이옴은 사람과 살고 있는 모든 미생물 집단을 통틀어서 일컫는 단어예요. 이 프로젝트를 위해서 242명의 건강한 자원자들의 몸에 살고 있는 미생물을 채집하였어요. 채집된 미생물 샘플의 유전자 분석을 통해서 우리 몸에는 약 10,000종의 미생물이 살고 있다는 것을 알게 되었어요. 이 미생물의 대부분은 원핵 세포인 박테리아에 속하고 고세균이나 효모도 일부 존재한다고 해요.

　자, 우리 몸에 우리 몸의 세포 숫자와 비슷한 숫자의 미생물이 살고 있고, 게다가 이들의 종류가 무려 10,000종이나 된다고 하니 미생물의 유전자에 대해서 생각해 볼까요? 우리 인간의 유전자는 약 2만 개 정도밖에 되지 않는 것으로 알려져 있어요. 당초의 예상보다 훨씬 적은 숫자였지요. 하지만 우리 몸에서 같이 살고 있는 미생물은 워낙 그 종류가 다양하므로, 그들의 유전자의 총 개수는 약 2백만 개에서 2천만 개 정도로 어림짐작할 수 있어요.

　유전자의 주된 기능은 자신의 유전 정보를 이용하여 단백질을 만들어 내는 것이에요. 세포 안에서 여러 가지 화학 반응을 촉매 하는 등 실제로 일을 하는 분자가 바로 이 유전자의 정보에 의해서 만들어진 단백질이지요. 그러니 인간의 유전자보다 훨씬 많은 숫자의 미생물 유전자들이 만들어 내는 단백질의 영향을 우리가 쉽게 무시할 수 없겠지요?

》 우리 몸의 《
진정한 주인은 미생물?

실제로 최근 여러 연구들에 의해서 우리 몸에서 공생하고 있는 미

생물과 여러 질환이 상관관계가 있다는 사실이 속속 밝혀지고 있
어요. 기존에 알고 있었던 병원성 박테리아에 의한 질환 이외에도
우울증과 파킨슨병, 비만, 염증성 질환, 암 등이 우리 몸에 공생하
고 있는 미생물에 의해서 생겨날 수 있다는 가능성이 점점 알려지
고 있어요. 건강한 사람의 마이크로바이옴과 환자의 마이크로바
이옴을 비교해 보면 마이크로바이옴을 이루는 미생물의 종류가
많이 다르다는 연구 결과도 발표되었어요. 향후 건강한 사람의 몸

생명 과학이 건강에 도움이 될까?

에서 공생하는 미생물 마이크로바이옴을 환자에게 이식하는 치료법도 개발될 것으로 예상됩니다.

우리들의 생활 습관, 음식의 취향, 운동을 좋아하는가의 여부 등도 우리 몸에 공생하고 있는 미생물에 의해 결정되는 것일지도 몰라요. 수많은 미생물 유전자가 우리 몸에 어떠한 영향을 미치는가는 아직도 거의 알려지지 않았기 때문이에요. 심지어 "우리 몸의 진정한 주인은 우리가 아니고 우리를 지배하고 있는 미생물들일지도 모른다"라는 과격한 주장을 하고 있는 과학자도 있어요. 이 글을 쓰고 있는 지금, 제가 평양냉면을 무척 먹고 싶어 하는 이유는 저의 몸이 평양냉면을 원하기 때문일까요? 아니면 저의 장내 미생물들이 평양냉면을 먹고 싶어 하는 것일까요?

25

삼겹살의
지방은 고체인데
참기름은 왜
액체일까?

　　맛있는 삼겹살을 먹으면서 삼겹살 기름은 고체

인데, 기름소금의 참기름은 왜 액체인지에 대해 궁금증을 가져

본 적이 있나요? 그렇다면 과학자가 될 만한 충분한 자질을 가지

고 있는 거예요. 주변에서 당연히 생각하는 현상에 대하여 질문

을 가지는 것이 모든 과학 공부의 시작이거든요. 삼겹살의 동물

성 지방은 상온에서 고체이지만, 삼겹살을 찍어서 먹는 참기름

의 식물성 지방은 상온에서 액체로 존재하지요. 이렇게 비슷한 지방이지만 상온에서 고체와 액체의 서로 다른 상(phase)으로 존재하는 이유는 무엇일까요? 삼겹살 지방과 참기름의 녹는점이 서로 다르기 때문이지요. 즉 삼겹살 지방에 비해 참기름의 녹는 온도가 낮다는 것입니다.

》 참기름은 삼겹살 지방보다 《 녹는 온도가 낮아

그렇다면 그다음으로 할 수 있는 질문은 무엇일까요? "왜 삼겹살 지방의 녹는점은 참기름의 녹는점보다 높은 온도일까?"라는 의문을 가질 수 있겠지요? 이 두 번째 질문에 대답하기 위해서는 지방(기름)의 분자적 구조를 알아야 합니다.

지방은 글리세롤 한 분자에 세 분자의 지방산이 결합하고 있는 형태입니다. 지방산은 탄소와 수소가 쭉 사슬처럼 연결되어 있는 형태예요. 이 탄소와 수소 사이의 연결이 여러 가지 화학 결합들 중의 하나인 공유 결합입니다. 동생이랑 돈을 모아 게임기를 사서 월수금은 내가 게임을 하고 화목토는 동생이, 일요일은 둘이서 같이 게임을 하면서 게임기를 '공유'하는 것처럼 탄소가 다른 탄소와, 혹은 탄소가 수소와 전자를 공유하면서 생겨난 결합을 '공유 결합'이라고 부릅니다. 물론 탄소와 수소 말고 산소나 질소 같은 다른 원자도 공유 결합에 참여할 수 있지요.

다음 그림에서 탄소(C)와 탄소, 탄소와 수소(H) 사이를 연결

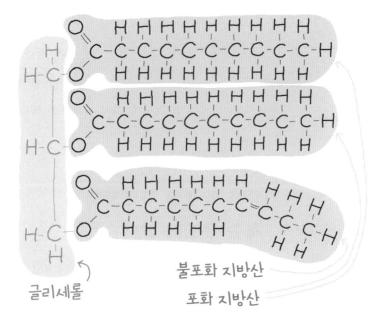

불포화 지방산

포화 지방산

글리세롤

한 막대기가 공유 결합을 나타냅니다. 막대기 하나가 각각 한 쌍의 공유된 전자를 의미합니다. 그렇다면 탄소와 탄소 사이에 두 개의 막대기가 있는 형태는 무엇일까요? 이것은 탄소 원자 두 개가 네 개의 전자를 공유한다는 것을 뜻합니다. 이렇게 원자와 원자 사이에 두 개의 전자를 공유하고 있는 공유 결합을 '단일 결합', 네 개의 전자를 공유하고 있는 결합을 '이중 결합'이라고 합니다. 그렇다면 '삼중 결합'은 무엇일까요? 네, 맞습니다. 원자가 다른 원자와 여섯 개의 전자를 공유하고 있는 경우이지요.

생명 과학이 건강에 도움이 될까?

》수소가 꽉 차서 《
포화 지방산

다시 지방산 이야기로 돌아가지요. 지방산을 이루는 많은 탄소들은 서로 공유 결합으로 연결되어 있습니다. 지방산을 구성하는 탄소와 탄소 사이의 결합은 대부분 단일 결합이지만 간혹 이중 결합이 존재하는 경우도 있습니다. 어떤 지방산을 이루는 탄소와 탄소 사이가 전부 단일 결합으로 이루어진 지방산을 우리는 '포화 지방산'이라고 부릅니다. 왜 '포화'일까요? 지방산 안에 수소가 꽉 차서 더 이상 수소 원자를 꾸겨 넣을 만한 자리가 없기 때문이지요. 무슨 말이냐고요? 그렇다면 탄소와 탄소 사이에 이중 결합을 가지고 있는 지방산의 경우를 살펴볼까요? 이 지방산은 어떻게 불릴까요? 이중 결합이 없는 지방산을 '포화 지방산'이라고 부르니까 아마도 이것은 '불포화 지방산'이라고 불리겠지요? 네, 맞습니다. 지방산을 구성하는 탄소와 탄소 사이에 이중 결합이 한 개라도 존재하면 그 지방산을 '불포화 지방산'이라고 부릅니다.

불포화 지방산의 구조를 그림에서 살펴보세요. 탄소와 탄소 사이의 이중 결합 하나를 단일 결합으로 바꾸면 그 자리에 두 개의 수소를 넣을 수 있겠지요? 이처럼 수소가 더 들어갈 자리가 남아 있는 지방산을 불포화 지방산이라고 부르고, 수소가 더 들어갈 여지가 없는 지방산을 포화 지방산이라 부릅니다.

자연계에 존재하는 포화 지방산은 쭉 펴진 ―자 형태를 취하는 반면 불포화 지방산은 이중 결합이 있는 곳에서 꺾여서 ㅅ자

형태를 가집니다. 앞에서 지방은 글리세롤에 연결된 세 개의 지방 산으로 이루어져 있다고 하였지요? 세 개의 지방산을 모두 포화 지방산으로 가지고 있는 지방과 세 개의 지방산 중 하나라도 불포 화 지방산을 가지고 있는 지방의 입체적인 모양을 비교하면 어떨 까요? 불포화 지방산은 꺾인 구조를 가지고 있기 때문에 불포화 지방산을 가지고 있는 지방은 포화 지방산만을 가지고 있는 지방 보다 공간을 많이 차지합니다. 그러므로 같은 공간에 지방을 차곡 차곡 배열하고자 할 때 포화 지방산을 가지고 있는 지방에 비하여 불포화 지방산을 가지고 있는 지방은 더 많은 부피를 차지하므로 지방의 빽빽한 배열을 어렵게 합니다.

》쩍벌남은《
불포화 지방산

지하철의 긴 의자에 사람들이 같이 앉을 때 두 다리를 서로 붙 이고 앉아야 더 많은 사람이 앉을 수 있겠지요? 다리 사이를 벌 린 '쩍벌남'이 한 명이라도 앉아 있으면 같은 폭의 의자에 앉을 수 있는 사람 수는 줄어들겠지요. 다리를 얌전히 붙이고 앉아 있는 사람이 포화 지방산을 가진 지방이라면 '쩍벌남'은 불포화 지방산 으로 이루어진 지방이라고 할 수 있겠습니다. '쩍벌남'인 불포화 지방산을 가진 지방은 포화 지방산을 가진 지방에 비해 일정 공간 에 적은 양밖에 존재하지 못합니다. 왜냐하면 불포화 지방산 분자 의 모양이 빽빽한 배열을 어렵게 하기 때문이지요.

생명 과학이 건강에 도움이 될까?

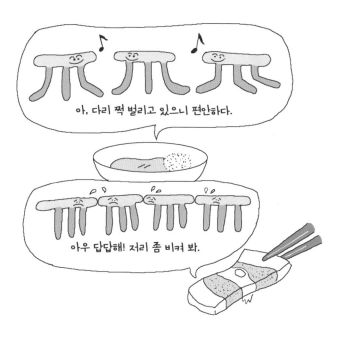

아, 다리 쩍 벌리고 있으니 편안하다.

아우 답답해! 저리 좀 비켜 봐.

고체와 액체의 차이는 무엇일까요? 고체를 이루고 있는 분자들에 열을 가하면 분자의 운동 에너지가 높아지면서 분자가 활발하게 움직이게 되어 분자와 분자 사이의 거리가 멀어지면서 액체로 상전이가 일어납니다. 삼겹살의 지방도 불판에 올려놓고 열을 가하면 고체에서 액체로 바뀌게 되지요. 삼겹살의 지방이 상온에서 고체인 이유는 삼겹살의 지방이 대부분 포화 지방산으로 이루어져 있기 때문입니다. 반면 삼겹살을 찍어 먹는 기름소금의 참기름은 불포화 지방산을 가지고 있어 지방 분자와 분자 사이의 거리가 멀기 때문에 분자 사이의 인력이 적어서 상온에서도 액체로 존재하는 것입니다.

26

좋은 콜레스테롤, 나쁜 콜레스테롤이 따로 있나?

　　콜레스테롤이 혈액 내에 많아지면 동맥 경화, 고혈압 등의 심혈관계 질환이 유발된다고 하는 이야기를 종종 들어봤을 거예요. 또한 좋은 콜레스테롤 수치는 높여야 하고 나쁜 콜레스테롤 수치는 낮춰야 건강에 좋다는 이야기들도 많이 하지요. 도대체 콜레스테롤이 무엇이기에 좋은 콜레스테롤과 나쁜 콜레스테롤이 존재할까요?

》 콜레스테롤은 그냥 《
한 종류의 물질이야

결론부터 얘기하자면 콜레스테롤은 그냥 콜레스테롤이라는 한 종류의 물질일 뿐입니다. 근본적으로 나쁜 콜레스테롤과 좋은 콜레스테롤이 따로따로 존재하는 것은 아니에요. 콜레스테롤은 $C_{27}H_{46}O$의 분자식을 가진 세 개의 육각형 고리와 한 개의 오각형 고리로 이루어진 고리 화합물입니다. 콜레스테롤이 혈관 안에 많이 쌓여 혈관이 막히게 되면 동맥 경화증을 유발하여 심근 경색이나 뇌졸중과 같은 생명을 위협하는 질환을 일으키기도 해요. 하지만 콜레스테롤은 세포의 구조를 유지하는 데 중요한 역할을 하고 우리 몸에 꼭 필요한 신경 전달 물질, 호르몬, 비타민의 합성에도 중요한 역할을 해요. 그러므로 콜레스테롤 그 자체만 보면 좋은 물질, 혹은 나쁜 물질이라고 부를 수 없는 것이지요.

콜레스테롤은 지방산과 더불어 우리 몸의 중요한 구성 성분인 지질에 속합니다. 우리의 세포는 생존하는 데 지방산과 콜레스테롤이 꼭 필요하므로 이것들은 혈액을 통해 지질이 필요한 세포로 배달되어야만 합니다. 그런데 우리의 혈액은 물이 주성분이지요? 그렇다면 지질, 즉 기름인 지방산이나 콜레스테롤은 물에 녹지 않을 텐데 어떻게 혈액을 통하여 지질이 필요한 세포로 배달될 수 있을까요? 지질을 혈액 안에서 이동시키는 지질 단백질의 구조를 보면 알 수 있습니다.

지질 단백질은 그림에서 보듯이 지질과 단백질로 이루어진

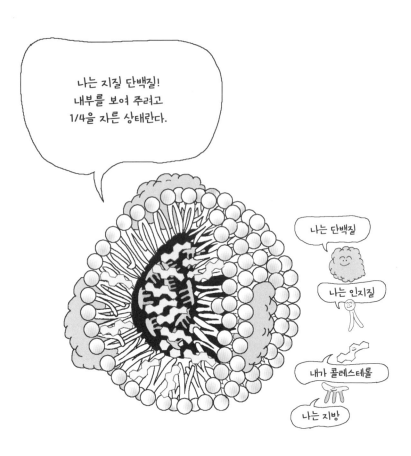

구조를 가지고 있습니다. 특히 바깥쪽은 세포막의 구성 성분인 인지질로 이루어져 있지요. 인지질은 물과 친한 인산을 포함하는 친수성 부분과, 지질로 이루어진 물과 친하지 않은 소수성 부분을 모두 가지고 있는 분자입니다. 지질 단백질의 겉면은 이 인지질이 물과 친한 친수성 부분을 바깥으로 내밀고 소수성 부분은 안쪽으로 모아 공과 같은 형태를 만듭니다. 그러면 이 공 형태의 내부에 콜레스테롤, 지방산과 같은 지질을 저장할 수 있습니다. 이렇게 저장된 지질은 지질 단백질의 공 모양 안쪽에 실려서 혈액이나 림

생명 과학이 건강에 도움이 될까?

프액을 통해 이동하게 되는 것이지요. 지질 단백질의 단백질 부분은 지질이 필요한 세포에 지질 단백질이 배달될 때 중요한 역할을 담당합니다.

지질 단백질은 지질 함량에 따라 HDL(고밀도 지질 단백질)과 LDL(저밀도 지질 단백질)로 나뉩니다. HDL은 세포가 쓰고 남은 콜레스테롤과 같은 지질을 세포 혹은 혈관의 벽으로부터 분리해 내어 간으로 보냅니다. 간은 이러한 남아도는 콜레스테롤을 담즙으로 전환하여 몸 밖으로 방출하지요. 한편 LDL은 콜레스테롤 및 지방산을 혈액을 통해 지질이 필요한 세포로 보내는 역할을 담당합니다. 다시 정리하자면 LDL은 콜레스테롤이나 지방산이 필요한 세포로 이들을 보내고, HDL은 남아도는 콜레스테롤이나 지방산을 간으로 모아서 배출하는 역할을 하는 것이지요.

이러한 이유 때문에 HDL의 혈중 농도는 일반적으로 높은 것이 좋고, LDL은 낮은 것이 좋다고 알려져 있습니다. 그래서 HDL, 혹은 HDL에 포함된 콜레스테롤을 '좋은 콜레스테롤', LDL, 또는 LDL에 포함된 콜레스테롤을 '나쁜 콜레스테롤'이라고 부르기도 하는 것이지요. 여러분은 아직 젊어서 대부분 혈중 콜레스테롤 양을 걱정할 상황은 아닐 거예요. 하지만 어른이 되고 장년이 되어 여러 가지 건강 걱정이 많아질 때를 대비해 지금 배운 것과 같은 콜레스테롤에 대한 기본 상식은 알고 있는 것이 좋겠지요?

27

날고기는
왜 소화가
안 될까?

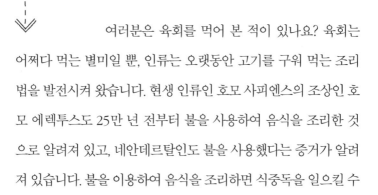

여러분은 육회를 먹어 본 적이 있나요? 육회는 어쩌다 먹는 별미일 뿐, 인류는 오랫동안 고기를 구워 먹는 조리법을 발전시켜 왔습니다. 현생 인류인 호모 사피엔스의 조상인 호모 에렉투스도 25만 년 전부터 불을 사용하여 음식을 조리한 것으로 알려져 있고, 네안데르탈인도 불을 사용했다는 증거가 알려져 있습니다. 불을 이용하여 음식을 조리하면 식중독을 일으킬 수 있는 박테리아도 살균할 수 있고 무엇보다도 소화가 더 잘되는 음식을 만들 수 있습니다.

》단백질은 아미노산이 《
연결되어 만들어져

그렇다면 왜 구운 고기가 날고기보다 더 소화가 잘되는 것일까요? 날고기는 차갑고 구운 고기는 따뜻하기 때문일까요? 사실 꽁꽁 얼은 날고기를 얼음과자처럼 대충 씹어서 꿀떡 삼키지 않는 이상 온도가 낮다고 소화가 잘 안 되는 것은 아니에요. 구운 고기가 더 소화가 잘되는 이유는 고기를 이루는 단백질의 구조 때문입니다.

그러면 여기서 간단하게 단백질의 구조에 대해서 공부해 볼까요? 단백질은 아미노산이라는 작은 분자가 마치 구슬을 꿰어서 목걸이를 만들 듯이 쭉 연결되어 있습니다. 단지 목걸이는 양쪽 끝이 연결되어 있지만 대부분의 단백질은 양쪽 끝의 아미노산이 서로 연결되어 있지는 않아요. 마치 끊어진 목걸이와 같다고 할 수 있어요. 끊어진 목걸이는 자유자재로 모양을 바꿀 수 있겠지요? 마치 뱀이 여러 가지 모양으로 몸을 굽혀서 똬리를 틀듯이 말이에요.

단백질의 경우도 연결되어 있는 아미노산들이 쭉 펴져 있는 상태가 아니고 이리저리 접히고 꼬아져서 만들어진 특정한 삼차원 구조를 가지고 있어요. 각 단백질들이 자신의 기능을 하기 위해서는 이러한 삼차원 구조를 가지는 것이 필수적이에요. 각 단백질들은 우리가 끊어진 구슬 목걸이를 뭉치듯이 아무렇게나 뭉쳐지는 것이 아니고 단백질을 이루는 아미노산 간의 상호 작용, 단백질 주변의 물 분자와의 작용 등에 의해 특정된 삼차원 구조를 가지게 돼요.

이러한 단백질의 삼차원 구조는 단백질에 열을 가하거나 산성 액체를 가하거나 하면 변화하게 되어요. 이러한 과정을 단백질의 변성이라고 하지요. 계란 프라이를 할 때 프라이팬에 계란을 깨뜨려 놓고 가스레인지를 켜서 열을 가하면 투명하던 계란 흰자가 하얗게 변하지요? 이것은 열에 의해 계란 흰자의 단백질들이 변성되었기 때문이에요. 단백질이 변성되면 단단하게 뭉쳐져 있던 단백질의 아미노산 사슬이 비교적 자유롭게 풀리게 되어요.

소화라는 과정은 무엇일까요? 단백질, 지질, 탄수화물, 핵산과 같은 커다란 분자를 우리 몸의 소화 효소가 더 작은 분자로 자르는 과정이에요. 단백질을 자르는 소화 효소가 단백질을 더 쉽게 자르려면 단백질이 자연 상태, 즉 날고기에 존재하는 것처럼 뭉쳐있는 삼차원 구조를 갖는 것이 좋을까요, 아니면 열에 의해 변성되어 조금 풀어져 있는 것이 나을까요? 당연히 변성된 단백질에 소화 효소가 접근하기가 훨씬 쉽겠지요? 그러니까 맛있는 육회도 좋지만 소화에 자신이 없을 때는 잘 익힌 고기를 먹는 편이 안전하겠지요?

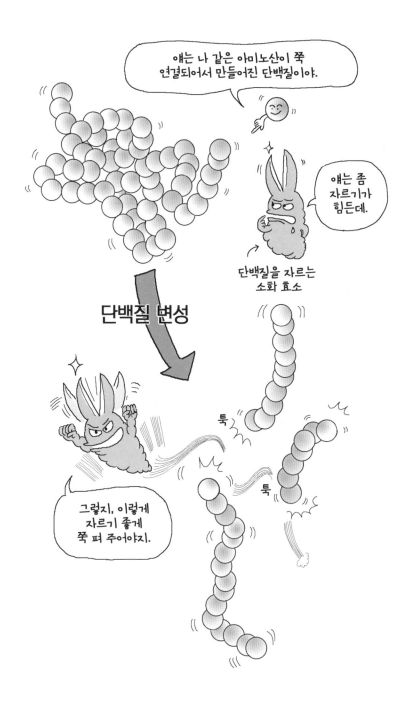

28

줄기세포는
언제 희망을
주려나?

줄기세포라는 이름이 언제부터 우리에게 친숙
해졌을까요? 줄기세포의 영문 이름인 'stem cell'은 19세기 말에
처음 쓰이기 시작했다고 해요. 생식 세포를 끊임없이 만들어 내는
생식소와, 혈구 세포를 계속해서 만들어 내는 조혈 조직에 다른
세포를 계속 만들어 낼 수 있는 무언가가 있다고 생각해서 stem
cell이라고 부르기 시작했다고 해요. 우리나라에서는 stem을 '줄

기'라고 번역해 줄기세포라고 부르고 있지요.

그런데 이십 여 년 전만 해도 줄기세포라는 단어 대신 '기간세포'라는 말을 쓰기도 했었어요. Stem은 사실 식물의 '줄기'라는 뜻보다는 '근간'의 뜻으로 쓰였다고 생각해요. Stem이라는 단어에 종족, 혈통과 같은 뜻도 있거든요. 물론 식물의 줄기에서 잎사귀도 만들어지고 꽃과 열매도 돋아나 맺히므로 '줄기세포'라는 이름도 나름대로 잘 만들어진 것 같아요. 만약 제가 결정할 입장에 있었다면 줄기세포보다는 뿌리세포라고 이름을 붙였을 것 같지만요.

》줄기세포의 변신,《
대단해~

줄기세포는 그 이름이 만들어진 어원처럼 다른 세포를 만들어 낼 수 있는 능력을 지닌 세포라는 뜻이에요. 예를 들어 정자와 난자가 만나서 생긴 수정란은 우리 몸을 이루는 모든 종류의 세포로 변신할 능력을 가지고 있지요. 그래서 수정란이 분열해서 생긴 배반포의 내부에 존재하는 내 세포에서 만들어진 줄기세포는 이론적으로 우리 몸의 모든 세포로 변화할 수 있는 만능성을 가진 배아 줄기세포라고 불러요. 배아 줄기세포는 살아 있는 생명이라고 할 수 있는 수정란을 파괴해야만 얻을 수 있기 때문에 윤리 문제를 항상 내포할 수밖에 없어요. 그래서 그 대안으로 개발된 것이 성체의 각 조직에 적은 양으로 존재하는 성체 줄기세포, 또는 줄

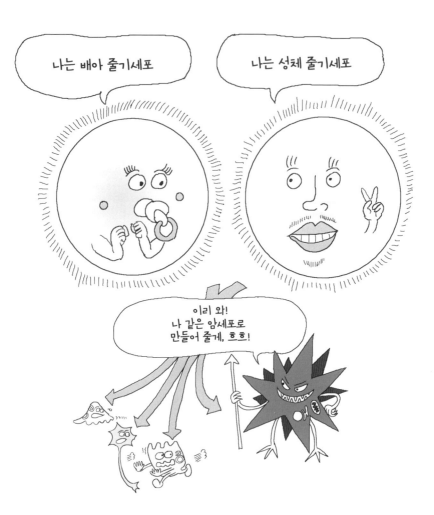

기세포를 유지하는 데 중요한 유전자를 성체의 일반 세포에 억지로 집어넣어서 만든 유도만능 줄기세포예요.

인간의 수명이 증가하면서 덩달아 난치성 질환을 가진 환자도 늘어났고, 장기 및 조직 이식을 필요로 하는 환자가 급증하고 있어요. 예를 들어 신부전증 환자는 콩팥의 기능이 상실되어 정기적으로 혈액 투석을 통해 요소 등의 독소를 제거해 주어야만 해

생명 과학이 건강에 도움이 될까?

요. 이러한 환자들에게 줄기세포로 신장을 만들어서 이식할 수 있는 기술이 개발된다면 정말 좋은 소식이겠지요. 그래서 과학자들은 줄기세포를 이용하여 콩팥 세포, 간세포, 신경 세포 등을 만드는 실험을 지금도 열심히 수행하고 있어요.

》줄기세포는 암세포가 《
될 수 도 있어

하지만 줄기세포를 이용해서 난치병을 치료하는 확실한 방법은 아직도 개발되지 못하고 있어요. 검증되지 않은 줄기세포 시술이 음성적인 방법으로 행하여지는 실정이지요. 왜 그럴까요? 줄기세포가 가지고 있는 만능성이 오히려 문제가 되기 때문이에요. 줄기세포는 여러 가지 세포로 변신할 수 있는 잠재력이 있는 만큼 암세포와 같은 악성 세포로 전환될 수 있는 가능성 또한 가지고 있어요. 비관적으로 생각하는 학자들은 인류가 먼저 암을 정복한 후에야 줄기세포를 완벽하게 사용할 수 있는 기술을 획득하게 될 것이라고 말해요. 여러분이 줄기세포 치료를 전공하는 과학자가 되어 있을 무렵에는 분명히 줄기세포 연구의 새로운 장이 열려 있을 것이라고 믿어요.

29

암세포는
왜
생겨나지?

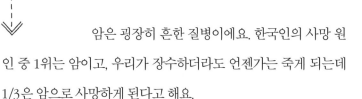

암은 굉장히 흔한 질병이에요. 한국인의 사망 원인 중 1위는 암이고, 우리가 장수하더라도 언젠가는 죽게 되는데 1/3은 암으로 사망하게 된다고 해요.

전 세계적으로 암을 정복하기 위해 굉장히 많은 연구비가 투자되고 있고, 많은 의사들과 기초 과학자들이 지금도 열심히 암을 치료할 수 있는 방법을 찾아내기 위해 노력하고 있어요. 하지만 다른 난치병 질환의 경우와 마찬가지로 암을 완전히 물리치는 일은 아직도 멀기만 한 것 같아요. 그렇다면 도대체 암이 무엇이기에 이렇게 우리를 괴롭히는 것일까요?

》대부분의 암은《
세포가 고장 나서 발생

암을 포함한 질병의 원인은 여러 가지가 있어요. 미생물의 감염에 의해서 생기는 질병은 미생물을 죽일 수 있는 항생제를 개발함으로써 막을 수 있고, 바이러스에 의해 생기는 질병도 바이러스와의 접촉을 막아서 어느 정도 예방할 수 있어요. 하지만 암의 경우는 좀 달라요. 물론 헬리코박터 같은 박테리아에 의해 유발되는 암도 있고, 바이러스에 의해 생기는 암도 있지만 대부분의 암은 우리 몸을 이루는 세포가 고장 나서 저절로 발생하게 되어요.

세포가 고장 난다는 것은 무엇일까요? 우리 몸을 이루는 세포는 세포가 가지고 있는 DNA에 저장된 유전 정보에 의해 조절되어요. 하나의 세포가 두 개로 분열하는 것도 DNA의 지령에 의한 것이고, 하나의 세포가 다른 세포로 변하는 과정인 세포 분화도 유전자에 의해 조절되어요. 그런데 이렇게 세포의 분열이나 분화를 조절하는 정교한 메커니즘에 고장이 일어나게 되면 정상 세포가 암세포로 변할 수 있어요.

우리 모두는 사실 세포 한 개, 즉 어머니의 난자와 아버지의 정자가 만나서 생긴 수정란이 계속 분열하고 또 분열해서 태어나게 된 것이지요. 성인이 되어 더 이상 몸이 커지지 않게 되면 우리 몸의 대부분의 세포는 분열을 멈추게 되어요. 물론 몇몇의 예외가 있지요. 피부를 이루는 표피 세포는 계속 죽어서 때를 만들면서 떨어져 나가기 때문에 계속 분열해야 해요. 또한 우리 몸의 털을 만들어 내는 모근 세포도 털을 만들기 위해 계속 분열해야만 해요. 이러한 예외를 제외하면 대부분의 성인의 세포는 더 이상 분열하지 않고 정지된 상태로 존재해요.

성인의 세포가 분열하지 않고 정지한 상태로 유지되는 이유는 유전자의 지령에 의해 만들어지는 세포 분열 과정을 억제하는 브레이크 단백질이 활동하기 때문이에요. 정상 세포의 경우 이러한 브레이크 단백질이 활성화되어 세포의 분열을 막고 있지요. 그런데 하필 이러한 브레이크 단백질을 만드는 유전자에 돌연변이가 일어나게 되면, 브레이크 단백질이 제대로 기능을 못해 분열하지 말아야 할 세포가 분열해서 커다란 덩어리를 만들게 되어요. 이것이 바로 종양, 즉 암이에요.

또한 우리의 세포는 자외선이나 여러 가지 나쁜 화학 물질에 의해 끊임없이 공격을 받고 있어요. 이러한 물질들은 유전자에 돌연변이를 일으킬 수 있는데, 대부분의 돌연변이는 세포 안의 효소들이 고쳐 내지만 유전자가 너무 많이 망가진 경우에는 세포 예정사라는 프로그램을 작동시켜서 망가진 세포가 자살하도록 해야만 해요. 하지만 세포 예정사에 관여하는 유전자가 망가져서, 자살해야 할 세포가 자살하지 못하면 살아남아서 암세포로 변하

기도 해요.

　이외에도 많은 경로에 의해 정상 세포가 암세포로 변할 수 있어요. 하지만 건강한 사람의 경우 암세포가 생겨나더라도 몸 안의 면역 세포가 암세포를 찾아내어 사멸시켜요. 최근 이러한 면역 세포가 암세포를 인지하여 파괴하는 방법을 이용한 면역 항암 요법이 각광을 받고 있어요. 여러분도 건강한 생활 습관을 통해 면역력을 키워서 암과 같은 무서운 병을 예방할 수 있도록 하세요.

30

아이들은 어른보다 추위를 덜 탈까?

제가 이 글을 쓰고 있는 지금은 봄에서 여름으로 넘어가는 계절입니다. 이렇게 따뜻한 계절이 되면 지난겨울에는 얼마나 추웠는지 쉽게 잊어버리게 되지요. 하지만 아직도 기억날 정도로 지난겨울은 정말 추웠어요. 지구 온난화라는데 왜 이렇게 겨울은 점점 추워지는 것인지 불평하는 친구들도 많았어요. 하지만 기억을 더듬어 보면 저의 어린 시절도 요즘 못지않게 겨울의 추위가 매서웠어요.

제가 어렸을 때는 학교가 끝나자마자 골목에서 뛰어놀았답니다. 추우나 더우나 말이지요. 그때 한참 즐겨하던 놀이가 '다방구'였어요. 서로 쫓아다니면서 뛰어다니는 놀이였지요. 어느 추운 겨울날 우리들이 뛰어다니는 모습을 쳐다보던 한 할머니가 말씀하셨어요. "얘들아, 추운데 밖에서 놀지 말고 집에 들어가서 놀아." 그러자 옆에 계시던 할아버지가 고개를 내저으셨어요. "허허, 걱정하지 마시게. 애들은 추위를 안 타. 실컷 뛰어놀게 내버려 둬."

정말 아이들은 추위를 어른보다 덜 탈까요? 실제로 어른들은 어렸을 때는 추위를 타지 않다가 나이가 들면서 추위를 타게 되었다고 이야기하는 경우가 많아요. 도대체 왜 그런 것일까요?

》 갈색 지방에 《
열을 만드는 미토콘드리아가 많아

여러분은 '갈색 지방'이라는 말을 들어 봤나요? 우리 몸에 있는 지방은 대부분 흰색에 가까운 '백색 지방'이지만 갈색을 띠는 지방도 일부 존재해요. 갈색 지방이 갈색으로 보이는 이유는 지방 세포에 미토콘드리아가 많기 때문이에요. 미토콘드리아 안에는 '헴'이라는 분자를 가지고 있는 시토크롬이라는 단백질이 존재하는데, 이 헴이 많이 존재하면 지방이 갈색으로 보여요. 혈액이 붉게 보이는 이유도 적혈구 안의 헤모글로빈이 헴을 가지고 있기 때문이지요.

미토콘드리아는 세포 안에서 에너지가 많은 분자들을 분해해서 ATP라는 세포가 쓸 수 있는 형태의 에너지를 만든다고 했지요? 미토콘드리아는 분자들을 분해해서 ATP를 만들기도 하지만 추울 때에는 ATP를 만드는 대신 열을 만들어 내기도 해요. 갈색 지방의 지방 세포에 존재하는 미토콘드리아는 주로 열을 많이 만들어 내는 미토콘드리아예요. 그러니 갈색 지방을 많이 가지고 있으면 몸에서 열이 나 추위를 덜 타겠지요?

갓 태어난 신생아들은 몸의 지방 중 약 5%가 갈색 지방이에요. 성인의 경우는 0.1%도 되지 않고요. 신생아들은 주변의 온도가 낮아도 어른처럼 벌벌 떨 수 없기 때문에 갈색 지방이 꼭 필요하지요. 무슨 이야기냐고요? 여러분은 추우면 몸이 벌벌 떨리지요? 추울 때 몸이 떨리는 이유는 몸을 떨게 되면 체온이 좀 올라가

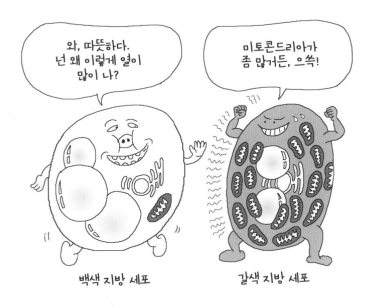

백색 지방 세포 | 갈색 지방 세포

생명 과학이 건강에 도움이 될까?

기 때문이에요. 하지만 신생아들은 추위에 반응하여 몸을 떨 만큼 근육이 발달하지 못하였으므로 대신 갈색 지방에서 미토콘드리아가 내는 열로 체온을 유지할 수 있는 거지요.

》 갈색 지방을 많이 가지면 《
살이 적게 찐다고?

사람은 나이가 들어가면서 점점 갈색 지방을 잃게 돼요. 그러니까 어른들이 하던 말씀인 '아이들은 추위를 타지 않는다'가 어느 정도 맞는 이야기라고 할 수 있겠지요? 그런데 어른이 되어서도 일부의 사람들은 갈색 지방을 다른 사람보다 많이 가지고 있어요. 갈색 지방을 많이 가지고 있는 사람들은 갈색 지방 속의 미토콘드리아가 열심히 에너지를 소비하기 때문에 같은 칼로리의 음식을 섭취하여도 살이 적게 찐다고 해요. 갈색 지방을 많이 가질 수 있는 방법이 존재한다면 굳이 힘들여 다이어트를 하지 않아도 먹고 싶은 음식을 얼마든지 먹으면서 몸매를 유지할 수 있지 않을까요?

실제로 최근의 연구 결과에 의하면 몸의 온도를 차게 유지하면 갈색 지방의 양이 늘어날 수 있다고 해요. 날씨가 춥다고 따뜻한 방 안에서 컴퓨터 게임만 할 것이 아니라 밖에 나가서 열심히 뛰어놀아야 할 충분한 이유가 되겠지요? 어린 시절 가지고 있던 갈색 지방을 어른이 되어도 많이 유지해야 비만도 막을 수 있고 장수할 가능성이 높아집니다.

31

기억을 usb에 저장하면 시험공부가 필요 없을까?

꼭 암기 과목뿐만이 아니더라도 학습의 많은 부분은 기억에 의존합니다. 개념을 정확히 이해하는 것이 우선이지만 시험을 위해서는 외워야 할 것도 많지요. 저도 수업 시간에 가끔 학생들에게 이야기합니다. 시험을 위해서는 암기 없는 이해는 필요 없고 이해 없는 암기가 더 중요할 때가 많다고요. 물론 농담입니다. 저는 가능하면 단순한 암기로 풀 수 있는 문제보다는 전반적인 학습 내용에 대한 이해와 응용력을 묻는 문제를 출제하려고 합니다. 하지만 아무리 암기에 의존하지 않는 시험 문제로 평가한다고 해도 꼭 필요한 내용은 암기하고 있어야 해당 과목을 완전히 공부했다고 할 수 있기 때문에 몇몇 문제는 단순한 암기를 필요로 하는 내용으로 출제할 때도 있습니다.

우리는 살아가면서 꼭 시험공부가 아니더라도 많은 것들을 외워야 할 필요가 있습니다. 학생들의 이름을 잘 외우는 교수는 학생들에게 관심이 많은 것으로 여겨져 학생들에게 인기가 높은 편입니다. 또한 사회에서 만나는 사람들의 이름을 잘 외우게 되면 좀 더 성공적인 사회생활을 할 가능성이 높습니다. 하지만 저는 유독 사람 이름을 잘 외우지 못해 갑자기 누군가를 만났을 때 먼저 제 이름을 부르면서 아는 척하는데 누군지 기억이 나지 않아 당황했던 적이 많습니다. 물론 수업을 듣는 많은 학생들의 이름을 일일이 외우는 것은 아예 포기했고요. 저의 경우를 보더라도 여러 가지 면에서 기억력이 좋지 않은 것은 단점으로 작용합니다.

하지만 최근의 일들은 잘 기억을 못하는 저도 어린 시절 좋아했던 외국 가수들의 이름이나 노래 제목은 친구들이 놀랄 정도로 기억을 잘하는 편입니다. 어른이 되어서 잠깐 만났던 사람의 이름을 기억하는 것과 어린 시절 좋아했던 우상의 노래 제목을 기억하는 것의 차이는 무엇일까요? 전자의 경우는 단기 기억이라고 할 수 있고 후자의 경우는 거의 평생 동안 유지되는 장기 기억이라고 할 수 있습니다. 카드 뒤집기 게임 같은 것을 할 때 필요한 단기 기억은 필요할 때만 유지되고 금방 잊히는 반면, 장기 기억은 아주 오래 저장됩니다. 최근의 일은 거의 기억을 못하고 기억이 잠시도 유지되지 못해 드라마의 내용을 따라가지 못하는 치매 초기의 노인들도 어린 시절 배웠던 노래, 즐겨 읽었던 책의 내용 등을 기억하는 것을 보면 단기 기억과 장기 기억은 서로 다른 메커니즘으로 저장된다고 할 수 있습니다.

단기 기억은 주로 대뇌의 전두엽과 두정엽에 일시적으로 저장된다고 알려져 있고, 장기 기억은 해마라고 불리는 뇌 안의 작은 기관을 통해 뇌 전체에 걸쳐서 저장된다고 합니다. 해마는 직접 기억을 저장하지는 못하지만 장기 기억을 위해서는 필수적인 기관이라고 알려져 있습니다. 그렇다면 과연 기억은 어떤 형태로 뇌에 저장되는 것일까요?

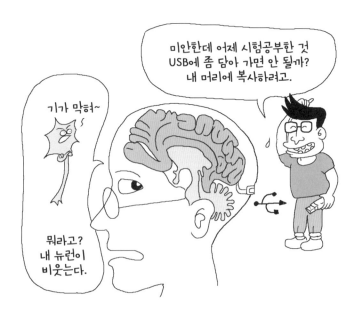

» 같은 기억을 반복하면 «
뉴런들끼리의 연결이 강화돼

뇌를 이루는 수많은 뉴런들은 다른 뉴런들과 굉장히 복잡하고 다양한 패턴으로 연결되어 있습니다. 하나의 뉴런이 몇 천 개의 다른 뉴런과 동시에 연결되어 있는 것이지요. 기억의 메커니즘을 설명하는 가장 유력한 가설 중의 하나는 이러한 뉴런들끼리의 연결이 지속적인 자극에 의해 강화되는 장기 강화 작용(long term potentiation)입니다. 같은 기억을 반복하면 그 기억에 의해 자극되는 뉴런과 뉴런과의 연결이 반복되어서 결국은 강화된다는 것이지요. 이렇게 강화된 뉴런 사이의 연결에 의해 차후에 연결된 뉴런들이 좀 더 쉽게 자극을 전달한다는 사실은 기억이 저장되었다는 것을 의미합니다. 또한 장기 기억은 DNA 위에 메틸기가 결합하는 화학적인 변형 형태로 저장된다는 연구 결과도 있고, 광우병 등의 원인으로 알려진 프리온이 기억에 관여한다는 설도 있습니다.

최근 인기 있는 영국 SF 드라마인 〈블랙 미러〉 시리즈를 보면 인간의 기억을 컴퓨터 보조 기억 장치에 저장한다든가, 한 사람의 기억을 완전히 지우고 새로운 기억을 그 사람의 뇌에 업로드한다든가 하는 장면이 많이 나옵니다. 사람의 기억을 추출하여 마치 IP TV의 TV 프로그램 다시 보기를 하듯이 특정 장면만을 돌려서 다시 보는 장면도 있었지요. 정말 사람의 기억을 이렇게 추출하여 디지털 미디어에 옮겨 저장하고, 필요에 따라 다른 사람의 뇌에 그 기억 데이터를 업로드 할 수 있다면 시험공부 같은 것이 필요 없는 시대가 올지도 모르겠네요.

하지만 시험공부를 위한 자잘한 지식들의 암기, 친구 전화번호의 기억, 집 주위 풍경 및 동네 주변의 길에 대한 기억 등이 사람을 사람답게 만드는 것 아닐까요? 스마트폰을 이용하면서 친구의 전화번호를 하나도 기억 못하게 되고, 내비게이션을 사용하면서 길눈이 어두워진 현대인들은 점점 단기 기억도 장기 기억도 잊게 되고 컴퓨터의 기억에만 의존하게 되는 것 같습니다. 저부터 당장 제 수업을 듣는 학생들의 이름을 외우려고 노력하겠습니다.

생명 과학이 건강에 도움이 될까?

넘치는 건강 정보 믿어도 될까?

지금까지 우리 인체와 관련된 주제에 대하여 공부해 보았어요. 질문 있나요?

선생님! 생명 과학 공부를 열심히 하면 건강하게 살 수 있을까요?

이 형은 졸다가 갑자기

공부를 열심히 한다고 건강해지는 않지. 건강해지려면 열심히 나가서 놀고 음식을 골고루 먹고 푹 잠을 자야지.

아니 그 이야기가 아니잖아요. 의생명 과학 관련 지식을 배우면 건강하게 살기 위한 지혜를 얻을 수 있냐는 것이지요.

이 오빠 재미있네

사실 굉장히 많은 건강 관련 정보가 인터넷이나 TV 프로그램에 넘치고 있는데

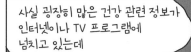
고혈압 당뇨에 특효!

기적의 암치료!

효과가 아직 입증되지 않은 건강 보조 식품이나 엉터리 건강 정보가 너무 많아. 속칭 유사 과학이라고 증명되지 않은 가짜 과학 이론에 근거하는 것들이지.

그러면 도대체 가짜 과학과 진짜 과학을 어떻게 구분해요?

이 책을 읽으면 잘 알 수 있잖아. 좀 더 고급 내용은 내가 쓴 다른 만화 교재를 찾아보면 돼 하하.

책 광고하세요?

응

7장

생명 과학의
현재와 미래

32

유전자 변형은
정말
위험한가?

제가 지금 이 글을 쓰고 있는 사무실 복도 건너 편은 저의 대학원생과 연구원들이 실험을 하고 있는 실험실입니다. 분자 세포 생물학 연구실이라고 명패가 붙어 있어요. 저의 전 공이 분자 생물학적 기법으로 세포를 연구하는 분자 세포 생물학 이기 때문이지요. 바로 그 실험실 명패 밑에는 무엇이 붙어 있을 까요? '유전자 변형 생물체 연구 시설 (1등급)'이라는 표지가 붙어 있어요. 여러분이 만일 이 책을 읽고 제가 연구하는 분야에 궁금증이 생겨 저의 실험실을 방문하였을 때 실험실 문 앞에 붙은 저런 표지를 보고 어떤 생각을 하게 될까요? 등에서 사람의 귀가 자라고 있는 쥐라든가, 도마뱀의 머리에 토끼의 몸이 붙어 있는 괴물이 실험실에 있을 것으로 생각되나요? 유전자 변형 생물체를 가지고 연구하는 실험실인데, 그것도 1등급인데 무시무시한 괴물을 만들고 있지는 않을까 걱정하게 되나요?

여러분은 유전자 변형 생물(GMO)에 대해서 많이 들어 봤지요? 저의 연구실에서는 유전자 변형 생물체를 이용하여 실험을 수행하고 있기는 하나 흔히들 쉽게 상상하는 이상한 괴물을 만들어 내지는 않습니다. 저의 연구실에서 주로 사용하는 유전자 변형

생물은 몇 만 개나 되는 사람의 유전자 중 한두 개를 덤으로 더 가지고 있는 대장균이나, 특정 유전자를 일부러 고장 내 배양 접시 위에서 키우는 사람의 세포 정도입니다. 눈에 잘 보이지 않는 대장균이나 실제로 자연계에는 존재하지 않고 실험실의 배양 접시 위에서만 살아가는 배양 동물 세포는 일반인이 생각하는 유전자 변형 생물과는 좀 거리가 있지요?

》유전자 변형 생쥐가 《
사육실을 탈출하면?

작년까지만 해도 제 연구실에서도 암을 발생시키는 유전자 하나가 아주 많이 활성화되어 있는 생쥐를 실험용으로 사용하고 있었습니다. 이 생쥐는 일반인들이 생각할 수 있는 전형적인 유전자 변형 생물이라고 할 수 있겠네요. 이 유전자 변형 생쥐의 암컷은 불행하게도 생후 1년이 넘으면 대부분 유방암을 앓게 되기 때문에 암을 연구하기 위한 실험동물 모델로 전 세계의 많은 연구자들이 이 생쥐를 실험에 사용하고 있습니다. 하지만 이와 같은 실험동물은 대학원생과 연구원이 실험하고 생활하는 공간에서는 사육할 수 없습니다. 외부로부터 격리되고 안전 교육을 이수한 연구원들만 출입할 수 있는 사육실에서 전문 사육사들이 이러한 실험동물을 키웁니다. 실험에 필요한 약물 처리 등이 필요할 때는 연구원들이 사육실에 방문하여 그 곳에서 실험을 진행하게 됩니다. 물론 실험동물을 희생시킨 후 장기나 조직은 적절한 절차를 거쳐서 저의 연구실로 가져올 수는 있지요.

　그러므로 행여나 유전자 변형 생쥐가 사육실을 탈출하여 엄청나게 번식하여 인간에게 암을 옮기지 않을까 걱정할 필요는 거의 없습니다. 암에 걸린 쥐가 사람을 물거나 쥐가 오염시킨 식품으로 암이 사람에게 전파되지는 않습니다. 게다가 이러한 실험동물들은 사육실 밖으로 반출이 안 되도록 엄격하게 규제받고 있으니 걱정할 필요는 절대 없습니다. 행여나 사고로 실험동물이 사육실을 탈출했다고 하더라도 이러한 동물들은 인간의 보살핌 없이는 야생에서 생존이 어려우므로 크게 걱정하지 않아도 좋습니다. 이외에 유전자가 변형된 대장균이나 바이러스 모두 실험실 밖으로 유출되지 않도록 연구자들이 많은 노력을 기울이고 있으므로 여러분이 염려하지 않아도 됩니다.

》 유전자 변형 작물 《
괜찮을까?

연구의 목적으로 키워지는 유전자 변형 생물 이외에 우리의 식탁에 오르는 유전자 변형 생물도 있습니다. 병충해에 잘 견디도록 미생물의 유전자를 삽입한 옥수수가 그 대표적인 작물이지요. 우리나라에 수입되는 유전자 변형 작물은 콩과 옥수수, 유채(카놀라)가 있습니다. 우리나라에서는 가축의 사료용으로 쓸 때만 유전자 변형 작물을 가공 없이 직접 사용합니다. 식용으로 사용해야 할 경우에는 기름만을 추출하여 식용유를 만들거나 전분만을 추출하여 씁니다. DNA나 RNA 등의 핵산, 그리고 핵산의 정보에 의하여 만들어지는 단백질은 유전자 변형에 의하여 변화가 가능하지만 기름이나 전분에는 거의 변화가 없다고 보아도 무방합니다. 그러므로 유전자 변형 작물에서 추출된 식용유나 전분에 대해서는 걱정할 필요가 전혀 없습니다.

유전자 변형 작물의 DNA나 단백질을 섭취해도 안전한가에 대해서는 여러 전문가 사이에서도 의견이 분분합니다. 조금은 민감한 주제이기 때문에 저도 여기서 결론을 내리고 싶지는 않습니다. 하지만 이해하기 쉬운 예를 들어서 여러분의 판단을 도와드릴 수는 있습니다.

인간이 농업을 시작한 이후 작물들은 아주 오랜 시간 동안 육종이라는 기법을 통하여 개량되어 왔습니다. 특정 형질을 가진 작물을 교배시킨다든가 아니면 다른 종의 작물과 교접을 통하여 새로운 작물을 만들어 내는 행위가 꾸준하게 이루어져 왔습니다. 현재의 유전자 조작 기술을 이용한 유전자 한두 개의 변형이 봄날 불어오는 산들바람이라면 육종에 의한 작물의 개량은 태풍에 비유할 수 있습니다. 그만큼 굉장히 많은 유전자가 바뀌기 때문이지요.

인터넷 검색을 해 보면 육종으로 개량되기 이전의 옥수수나 과일 등의 모습을 찾아볼 수 있습니다. 유전자 변형 덕분에 인류는 지금처럼 풍족한 먹거리를 가질 수 있었습니다.

왜
예쁜꼬마선충으로
실험을 할까?

생명 과학 실험실에서 많이 사용하는 실험용 생물은 어떤 것들이 있을까요? 아마도 가장 많은 개체가 사육(?)되고 있는 실험용 생물은 대장균일 것입니다. 대장균은 박테리아이기 때문에 어쩔 수 없이 사육되는 마리 수가 가장 많을 수밖에 없어요. 시험관 하나에 몇 억 마리씩 들어가거든요. 게다가 대장균은 저처럼 동물 세포를 연구하는 사람도, 식물을 연구하는 사람도, 바이러스를 연구하는 사람도, 그리고 당연히 박테리아를 연구하는 사람도 거의 대부분 실험실에서 사용하지요. 대장균이 그렇게 폭넓게 사용되는 이유는 대장균 안에서 다른 생물들의 유전자를 증폭시키기가 가장 용이하기 때문이에요.

》예쁜꼬마선충의 세포는《
모두 959개

그럼 대장균 말고는 어떤 실험용 생물이 있을까요? 여러분은 예쁜꼬마선충이라고 들어 봤나요? 저는 이 생물의 학명인 Caenorhabditis elegans(C. elegans)의 영어 발음 그대로 '씨 엘레강스'라고 부르는 것이 익숙했는데 언제부턴가 우리나라에서는 '예쁜꼬마선충'이라고 부르더군요. 처음에는 농담처럼 부르는 말인 줄 알았는데 진짜 우리나라 이름이더군요. 우아한, 영어로는 엘레강스한 모습 때문에 얻은 영어 이름을 재미있게 번역한 것 같아요.

예쁜꼬마선충은 우리 몸에 기생하는 회충과 같은 선형동물문에 속하는 생물로서 회충과는 달리 기생하지 않고 흙 안에서 혼자 살아갑니다. 대부분 자웅 동체인 예쁜꼬마선충은 정확하게 959개의 세포로 이루어져 있어요. 어떤 개체는 961개, 어떤 개체는 953개로 개체마다 차이가 있는 게 아니라 모든 개체가 전부 959개의 세포라니 무척 신기하지요? 이러한 이유로 인해 생명 과학의 한 분야인 발생 생물학을 연구하는 데 무척이나 귀중한 재료로 쓰인답니다.

하나의 수정란이 분열을 거듭하여 959개의 세포를 가진 예쁜꼬마선충으로 발생하는 모든 과정이 자세하게 전부 알려져 있답니다. 또한 정확하게 302개의 신경 세포로 이루어진 예쁜꼬마선충의 신경계는 기억, 학습, 행동을 연구하는 아주 좋은 연구 대상이에요. 약 1000억 개의 신경 세포로 이루어져 있는 인간의 뇌에서 일어나는 여러 가지 현상들을 이해하기에 앞서 먼저 참고해야 할 아주 간단한 모델이 되는 것이지요. 302개의 신경 세포 중 하나의 기능을 저해하였을 때 어떠한 일이 일어나는가를 관찰하면 고등 동물의 신경 회로를 이해하기 위한 기초적인 지식을 얻을 수 있어요.

선형동물인 예쁜꼬마선충보다 조금 고등한 생물은 절지동물문에 속하는 초파리가 있습니다. 여름에 과일 껍질을 치우지 않고 하루만 놓아두면 어디선가 날아오는, 흔히들 날파리라고 이야기하는 작은 파리가 초파리예요. 하찮은 파리라고 무시하지 마세요. 이 초파리를 이용한 연구에 노벨상이 8번이나 수여되었어요.

초파리는 성장 기간이 짧아서 실험동물로 많이 쓰여요. 알에서 깨어나 8일 후에는 번데기가 되고, 6일이 더 지나면 어른벌레 초파리가 되지요. 저의 이웃 연구실에도 초파리를 연구하시는 교수님이 계세요. 옆 연구실로 탈출한 초파리들이 날아갈까 봐 파리 끈끈이를 실험실 여기저기에 붙여 놓으셨더라고요. 그래도 간혹 길 잃은 초파리가 한두 마리씩 제 연구실에 날아들고는 합니다. 그 교수님께서는 초파리의 혈액 세포에 대한 연구를 하세요. 초파리의 혈액 세포에 대한 기초적인 지식이 모이게 되면 사람의 혈액 세포, 혈액 암의 발생 기전 등에 대해서도 잘 이해할 수 있는 기초 지식이 생기게 되지요.

척추동물로 가장 많이 사육되는 실험용 생물은 어류인 제브라피쉬와 포유동물인 생쥐가 있어요. 제브라피쉬는 이름에서 알 수 있듯이 얼룩말과 같은 줄무늬가 있어요. 제브라피쉬는 발생 생물학 등의 연구에 많이 쓰이고, 생쥐는 인간과 가까운 포유동물이기 때문에 인간의 질환 모델로 많이 이용되어요. 과학자들은 유방암 생쥐 모델, 알츠하이머 생쥐 모델, 파킨슨병 생쥐 모델 등 여러 인간의 질환과 유사한 질환을 가진 생쥐들을 유전자 조작을 이용하여 만들어 냈어요. 희생당하는 생쥐들에게는 안된 일이지만 이들의 도움 없이는 그동안 개발된 많은 신약들이 존재하지 못했을 거예요.

많은 실험용 생물들이 사람과 겉모습은 다르지만 이들 실험 동물의 세포 안에서 혹은 세포 주변에서 일어나는 일들은 사람의 세포와 조직에서 일어나는 일과 거의 비슷해요. 놀랍게도 예쁜꼬마선충과 초파리의 유전자 개수는 인간의 유전자 개수와 크게 차이나지 않고, 많은 세포 내의 생화학 반응은 대부분의 생물에서 거의 똑같은 과정을 거쳐서 일어나요. 그래서 과학자들은 이러한 실험용 생물들을 사용하여 사람의 몸에서 일어나는 여러 가지 현상들을 설명하고 이해하는 실험을 해 왔어요.

물론 실험용 생물들을 이용하여 하는 실험이 모두 인간의 생

우리 유전자 개수랑
너희 인간 유전자 개수랑
크게 차이 안 나.

초파리

예쁜꼬마선충

쩝.

명 현상을 이해하고 보건 의료 개발을 위한 것만은 아니에요. 제 주변에는 바닷속에 사는 작은 갑각류인 요각류의 다양성을 연구하는 분, 멸종 위기에 놓인 수원 청개구리의 생태를 연구하는 분, 이산화 탄소를 포집하는 미세 조류를 연구하는 분도 계세요. 생명 과학은 인간뿐 아니라 지구 위의 모든 생명체들을 대상으로 연구하는 학문이에요.

34

유전자 가위는
어떻게
유전자를 자르나?

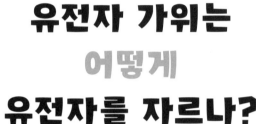

여러분은 유전자 가위에 대해 많이 들어 봤지요? '크리스퍼(CRISPR) 유전자 가위'라고도 불리지요. CRISPR는 clustered regularly interspaced short palindromic repeats라는 말의 약자입니다. 굉장히 복잡한 이름이지요? 요약하자면 '한군데 모여 있는, 규칙적으로 서로 떨어져 있는 짧은 회문 서열'이라는 뜻이에요. 여기서 서열은 유전자를 구성하는 DNA의 염기 서열이라는 뜻이므로, 어떠한 DNA의 염기 서열이 짧게 반복되는 것이 모여 있는 형태 정도라고 이해하면 되어요. 도대체 DNA의 염기 서열과 유전자 가위가 무슨 관계가 있느냐고요? 지금부터 찬찬히 설명해 드릴게요.

》실제로 가위 역할은 《
카스9이 해

사실 크리스퍼 유전자 가위라고 부르기보다는 크리스퍼/카스 9(CRISPR/Cas9)이라고 부르는 것이 더 정확해요. 왜냐하면 실제로 유전자를 자르는 '가위' 역할을 하는 것은 크리스퍼가 아니고 카스9이기 때문이지요. 크리스퍼/카스9은 박테리아가 가지고 있는 일종의 면역 반응 시스템으로부터 유래한 것이에요. 박테리아들은 끊임없이 바이러스의 공격을 받아 왔어요. 마치 우리 고등 생물이 박테리아 또는 바이러스의 공격을 받아서 질병을 얻게 되는 것처럼 말이에요. 우리는 항체 면역 시스템을 가지고 있어서 외부의 박테리아의 공격에 대응할 수 있지만 박테리아는 어떻게 바이러스의 공격을 막을 수 있을까요?

참 여기서 간단히 바이러스가 박테리아를 공격하는 기전에 대해서 공부해 볼까요? 박테리아에 기생해서 자신과 같은 바이러스를 많이 만들어 내는 바이러스의 한 종류를 박테리오파아지라고 해요. 박테리오파아지는 박테리아의 표면에 붙어서 자신의 유전자를 박테리아 세포 안으로 집어넣어요. 그렇게 되면 박테리오파아지의 유전자가 박테리아 안에서 발현되어 수많은 박테리오파아지가 만들어져요. 마치 박테리오파아지가 박테리아를 자신과 같은 박테리오파아지를 만드는 공장처럼 이용하는 것이지요. 박테리오파아지가 모두 만들어지면 박테리아는 터져서 죽게 되고 박테리오파아지는 밖으로 뛰쳐나가서 또 숙주로 이용할 박테리아를 감염시키게 되지요.

》박테리아가 바이러스를《 물리치는 신기한 방법

이렇게 박테리아는 박테리오파아지와 같은 바이러스의 공격에 오랜 진화 기간 동안 노출되어 있었기 때문에 바이러스의 공격을 막을 방법을 개발했어요. 어떤 방법일까요? 바이러스가 박테리아의 몸 안에 심어 놓는 바이러스의 유전자를 없애면 문제를 해결할 수 있겠지요? 그래서 박테리아는 자기 몸 안에 자주 침입하는 바이러스의 유전자를 일부 복사해서 자신의 유전자 옆에 여러 개를 넣어 놓습니다. 이것이 바로 CRISPR예요.

아니 바이러스의 유전자를 없애야 하는데 없애지 않고 오히려 자기 유전자 옆에 삽입한다니요? 그것도 여러 번? 끝까지 들어 보세요. 이제는 자기의 유전자가 된 바이러스의 유전자 일부분을 이용해서 박테리아는 crRNA라는 것을 만들어요. 이 crRNA는 바이러스의 유전자와 결합할 수 있는 능력이 있지요. 그렇다면 박테리아는 바이러스의 유전자와 결합할 수 있는 crRNA를 어떻게 이

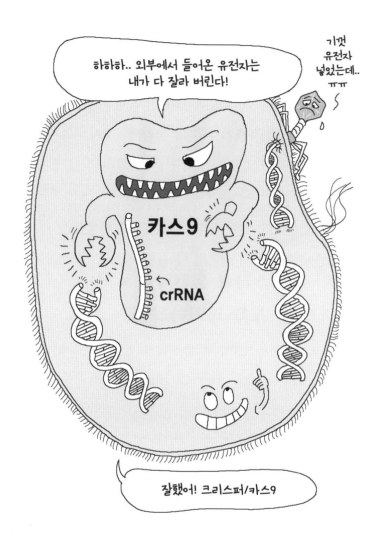

용할까요?

　　바이러스가 다시 박테리아 안으로 자신의 유전자를 집어넣는 일이 생기면 새로 들어온 바이러스의 유전자에 crRNA가 결합하게 되어요. crRNA는 외부로부터 침입한 유전자를 자를 수 있는 효소인 카스9을 불러오게 되지요. crRNA에 의해 불려 온 카스

9은 crRNA와 결합하고 있는 바이러스의 유전자를 마구 잘라 내어 없애 버려요. 이것이 바로 현재 각광받는 유전자 가위 크리스퍼/카스9의 작용 기전이에요. 박테리아가 한 번 외부에서 침입했던 바이러스의 유전자를 기억하기 위해 자기 유전자 옆에 복사해 놓았다가 나중에 다시 침입하였을 때 크리스퍼/카스9을 이용하여 제거해서 바이러스의 감염을 막는 일종의 면역 반응, 정말 신기하지요?

》 나쁜 유전자를 《
모두 제거하려면?

자, 여기서 여러분은 또 다른 질문을 할 수 있겠지요? "어 그렇다면 바이러스의 유전자를 자르는 크리스퍼/카스9을 어떻게 유전자 가위로 사용해요? 우리가 원하는 유전자를 잘라서 없앨 수 있어야 유용한 유전자 가위가 되는 것 아닌가요? 바이러스의 유전자만 자르면 무슨 쓸모가 있어요?" 참 좋은 질문이에요. 우리가 원하는 유전자, 예를 들면 농작물의 생장에 나쁜 영향을 미치는 유전자, 가축에게 유전병을 일으키는 나쁜 유전자를 제거하기 위해 과학자들은 크리스퍼/카스9을 응용하는 방법을 개발했어요.

박테리아가 바이러스의 유전자를 복사하여 만든 crRNA처럼 특정 유전자에 결합하는 gRNA(guide RNA)를 만드는 유전자를 과학자들은 실험실에서 쉽게 만들어 낼 수 있어요. 이 gRNA 유전자와 카스9을 만드는 유전자를 세포에 넣어 주면 gRNA가 결합하는 특정 유전자를 카스9이 잘라내게 되는 것이지요. 우리가 원하는 모든 유전자에 대한 gRNA를 실험실에서 모두 만들어 낼 수 있으므로 이론적으로 크리스퍼/카스9을 이용하면 우리가 없애고자 하는 좋지 않은 유전자를 모두 제거할 수 있어요. 현재 실험동물 모델인 제브라피쉬, 초파리, 생쥐, 식물 모델인 밀, 벼, 담배 등에서도 크리스퍼/카스9이 작동하는 것으로 보고되었어요. 향후 이 기술은 점점 더 발전해서 생명 과학자들에게 더 많은 능력을 주게 될 거예요. 이 좋은 기술을 어떻게 사용할 것인가는 미래의 생명 과학자인 여러분의 손에 달려 있지요.

35

헬라

세포는
대단하다고?

현대의 생명 과학 중 가장 활발한 연구가 진행되고 많은 연구비와 연구 인력이 집중되는 분야가 분자 세포 생물학입니다. 우리나라에서도 생명 과학 관련 학회 중에서 한국 분자 세포 생물학회가 한국 생화학회와 더불어 가장 큰 학회이지요. 분자 세포 생물학은 주로 고등 동물이나 식물의 세포에서 일어나는 현상을 분자 생물학적인 방법을 이용해서 연구하는 학문입니다.

세포 이론의 두 번째 명제인 '세포는 생물체의 구조 및 생리적 기능의 기본 단위이다' 기억하지요? 이 명제에서 알 수 있듯이 커다란 생물 개체에서 일어나는 여러 가지 생리적 및 생화학적 현상을 이해하려면 그 생물을 이루는 각 세포에서 발생하는 현상을 먼저 관찰하는 것이 더 효과적입니다. 그러므로 지금까지 많은 분자 세포 생물학 연구는 일차적으로 세포 배양을 통하여 진행되었지요.

》동물 세포의 배양은 《 무척 까다로워

그렇다면 세포 배양은 과연 어떻게 할 수 있을까요? 박테리아나 단세포 진핵생물인 이스트의 경우는 원래 하나의 세포로 생활하는 단세포 생물이기 때문에 실험실에서 배양하는 데 큰 어려움이 없습니다. 적절한 영양분을 갖춘 배지에 박테리아나 이스트를 넣어서 적절한 온도와 산소 공급이 잘 되도록 휘저어 주면 이들은 아주 잘 자랍니다. 자연 상태와 실험실에서의 배양 상태의 조건이 크게 다르지 않다는 것이지요.

반면 문제가 되고 어려운 것은 동물 세포의 배양입니다. 이들은 원래 큰 개체를 이루는 세포를 억지로 떼어서 실험실에서 배양하는 것이기 때문에 배양 조건이 무척 까다롭습니다. 영양분을 갖춘 배지만 가지고는 모자라 여러 가지 성장 인자가 포함된 소의 혈청을 배양액에 첨가해야 하고, 개체 안의 이산화 탄소 농도와 같은 5%의 이산화 탄소를 배양기에 주입해 주어야만 세포가 제대로 자랍니다.

　분자 세포 생물학을 연구하는 실험실에서 배양하는 세포는 대부분 생쥐나 사람의 세포입니다. 생쥐의 경우 가장 많이 사용하는 포유류 실험동물이기 때문에 생쥐로부터 유래된 세포를 연구실에서 많이 배양하고 있습니다. 사람의 질환에 관한 분자 세포 생물학 연구를 수행하기 위해서는 사람의 세포를 배양하는 것이 필수적이기 때문에 사람의 세포 또한 많이 배양하고 있지요.

　암세포를 죽일 수 있는 신약 개발과 같은 실험을 수행하기 위해서는 배양하는 사람 세포를 대상으로 실험하는 것이 그 첫 번째 단계입니다. 두 번째 단계는 면역력이 결핍된 생쥐에 사람 암세포를 이식하여 실험을 하게 되고 그렇게 추려진 신약 후보들을 이용하여 최종적으로는 환자를 대상으로 실험을 진행하게 됩니다. 워낙 많은 신약 후보들이 첫 번째 단계에서 걸러지기 때문에 배양 세포를 이용한 실험이 매우 중요하지요.

》 헬라 세포는 《
난치병 극복을 위해 사용 중

현재 생명 과학 관련 연구실에서 배양하는 사람 세포 중에서 가장 오래된 것은 헬라(HeLa) 세포입니다. 이 세포는 1951년 자궁경부암으로 사망한 환자인 헨리에타 랙스의 자궁경부암 세포입니다. 대부분의 정상 사람 세포는 배양 접시 위에 배양하면 몇 번 분열하고 죽어 버리지만 환자의 이름을 딴 헬라 세포는 암세포이기 때문에 죽지 않고 지금까지도 전 세계의 많은 실험실에서 배양되고 있지요. 저의 실험실에도 헬라 세포가 있습니다. 다른 암세포에 비해서도 키우기가 쉽고 아주 잘 자라는 세포 중의 하나이지요. 전 세계의 과학자들이 지금까지 키운 헬라 세포의 무게를 모두 합치면 약 20톤이 된다고 어림짐작하고 있습니다. 정말 엄청나게 많은 양이지요. 또한 굉장히 많은 건수의 특허가 헬라 세포를 이용한 연구를 통하여 등록되었습니다.

불행하게도 헬라 세포를 만들어 내고 죽은 헨리에타 랙스는 자기 몸에서 적출된 암 덩어리로부터 헬라 세포가 만들어져 이렇게 많은 연구에 쓰이게 될 줄은 몰랐습니다. 당시만 해도 연구 윤리가 완전히 확립되기 이전이라 환자의 동의 없이도 환자의 몸에서 유래된 조직이나 세포를 가지고 연구자들이 실험을 할 수 있었지요.

오랜 시간이 지난 1975년에야 헨리에타 랙스의 유족들은 헬라 세포의 존재와 헬라 세포가 의생명 과학 실험에 끼친 엄청난 영향과 헬라 세포의 가치에 대해서 알게 되었습니다. 헨리에타 랙스의 기여에 대하여 뒤늦게 깨달은 과학자들은 헨리에타 랙스 기념사업을 추진하였고 미국의 한 주립대학에서는 헨리에타 랙스에게 명예박사 학위도 수여하였습니다. 또한 2013년에는 유족들과 과학자들로 이루어진 위원회가 만들어져 헬라 세포로부터 얻은 유전 정보를 공동으로 관리하기로 합의하였습니다. 헨리에타 랙스는 삼십 대 초반에 암으로 사망한 불행한 인생을 살았지만 그

가 남긴 세포는 지금도 전 세계의 실험실에서 배양되면서 인류의

난치병을 극복하기 위한 보람 있는 연구에 사용되고 있습니다.

36

포마토는
성공했을까?

여러분은 유전 공학이라는 말을 들어 봤나요?

요즘은 유전 공학보다는 생명 공학이라는 좀 더 포괄적인 표현을

더 많이 쓰지요? 생명 공학은 생명체나 생명체의 부산물을 이용

하여 인간 생활에 도움을 주는 여러 가지 물질을 만들어 내는 생

명 과학의 응용 분야를 일컫는 말이지요. 생명 공학은 인류에게

당면한 모든 문제를 해결해 줄 미래의 학문으로 아주 오래전부터

가장 유망한 분야로 주목받고 있어요.

제가 중고등학교에 다니던 무렵부터 유전 공학이라는 신조어가 등장했어요. 유전 공학이 미래의 학문으로 잡지, 신문 등 여러 매체에 소개되기 시작했지요. 그때 유전 공학의 대표적인 쾌거로 꼽은 것은 줄기에는 토마토가 열리고 뿌리에는 감자가 열리는 '포마토(포테이토와 토마토의 합성어)'였어요. 사실 포마토는 유전 공학적인 방법을 통해서 만들어졌다기보다는 감자와 토마토의 세포를 대충 융합해서 만들어 낸 작물이에요. 실제로는 감자와 토마토 모두 크기가 작아 상품성이 그다지 좋지 않았다고 하네요. 만약 포마토가 성공적이었다면 지금 전 세계에서 농부들이 토마토와 감자 대신에 포마토를 키우겠지요?

그렇다면 진짜 유전 공학은 과연 어떠한 방법을 통해 이루어질까요? 단순히 서로 다른 두 생물의 세포를 화학 물질을 이용하여 융합하는 것이 포마토를 만들어 낸 방법이었다면 유전 공학에 사용되는 실험 기법은 조금 더 복잡합니다. 일단 원하는 유전자를 포함한 DNA를 한 생물로부터 뽑아내어 다른 생물의 DNA와 결합시키는 유전자 재조합 과정이 포함되지요. 이렇게 유전자를 조작하는 실험 기법인 유전 공학을 이용하여 인류에게 유용한 물질을 만든 가장 대표적인 예인 유전자 재조합 인슐린 생산 방법에 대해 잠시 소개해 드리겠습니다.

많은 사람이 앓고 있는 질환인 당뇨병은 높아진 혈액 내의 포도당 농도를 낮추지 못하는 병입니다. 여러 가지 합병증을 일으킬 수 있는 위험한 질환이지요. 혈당을 낮추는 호르몬인 인슐린을 제대로 만들어 내지 못하는 당뇨병의 경우 인슐린을 인위적으로 주사해 주는 방법을 통해 혈액 안 포도당 농도를 낮추어 합병증을 막을 수 있습니다. 유전 공학을 통해 인슐린을 만들어 내는 방법이 개발되기 이전에는 동물의 췌장으로부터 인슐린을 얻었습니다. 약 1파운드(453그램)의 인슐린을 정제해 내기 위해서 2만 마리 이상의 소나 돼지가 필요했다고 하네요.

》 대장균으로부터 얻어 낸 《 유전자 재조합 인슐린

지금은 유명한 생명 공학 회사가 된 미국의 제넨텍(Genetech)의 과학자들은 1978년 대장균으로부터 인슐린을 만들어 내는 야심 찬 프로젝트를 시작하였습니다. 당시 제넨텍은 전 직원이 열두 명밖에 안 되는 작은 회사여서 이러한 큰 프로젝트를 성공시키는 것은 모험에 가까운 어려운 일이었지요. 인슐린 프로젝트가 성공하지 못하면 회사가 망할 위기에 처해 있는 어려운 상황이었어요.

회사를 살리기 위해 소수 정예의 과학자들은 집에 가지도 않고 실험실을 24시간 돌리면서 연구를 진행했다고 해요. 이들은 사람의 인슐린 유전자를 대장균이 가지고 있는 작은 원형 DNA인 플라스미드에 옮겨 넣었어요. 인슐린은 51개의 아미노산으로 이루어진 비교적 작은 단백질이에요. 당시 제넨텍의 과학자들은 14개의 아미노산으로 이루어진 소마토스타틴이라는 단백질을 유전

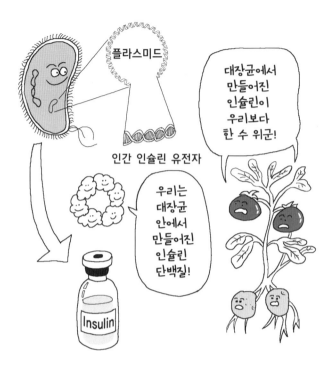

플라스미드

대장균에서
만들어진
인슐린이
우리보다
한 수 위군!

인간 인슐린 유전자

우리는
대장균
안에서
만들어진
인슐린
단백질!

Insulin

공학으로 만들어 낸 경험을 가지고 있었지만 아미노산 14개와 51 개의 차이는 무척 컸어요.

게다가 인슐린을 이루는 51개의 아미노산은 일렬로 연결되어 있는 것이 아니고, 21개의 아미노산으로 이루어진 사슬 하나와 30개의 아미노산으로 이루어진 다른 사슬 하나가 이황화 결합이라는 화학 결합으로 연결되어 있는 구조여서 더 힘들었다고 해요. 여러 시행착오를 겪은 후 마침내 이들은 대장균으로부터 인슐린을 생산해 내게 되어 1983년부터 가축으로부터 얻은 인슐린을 완전히 대체하였지요. 이때부터 본격적인 유전 공학, 생명 공학의 시대가 열리게 된 것이에요.

37

미생물에서
휘발유를
만든다고?

여러분은 오늘 아침에 어떻게 등교했나요? 버스
나 부모님의 자동차를 타고 등교했다면 경유나 휘발유와 같은 화
석 에너지를 이용했겠지요? 전기로 움직이는 지하철을 타고 학교
를 갔다고 해도 크게 다르지 않아요. 대부분의 전기는 화력 발전
에 의해서 생산되니까요. 그만큼 현재 우리 인류의 생활은 아직도
석유나 석탄과 같은 화석 에너지에 많이 의존하고 있어요. 참, 화

석 에너지가 무엇인지는 알죠? 화석 에너지는 오래전에 지구에서 살던 동식물의 유해가 땅속에서 압력과 열에 의해 전환되어 만들어진 석유, 석탄 그리고 천연가스를 이용해서 만들어지는 에너지를 뜻해요.

》석유는《
언제 고갈될까?

제가 어린 시절에 읽던 과학 잡지에 석유가 30년 정도 후에는 고갈된다고 하는 기사가 종종 실렸어요. 30년이 훨씬 지났지만 아직 석유는 계속해서 생산되고 있어요. 언제까지 인류는 화석 에너지를 이용하면서 살아갈 수 있을까요? 더 이상 유전이 개발되지 않는다면 석유는 앞으로 50년이 채 안 되어 동날지도 모른다고 해요. 물론 지금도 새로운 유전을 찾는 노력을 계속하고 있으니 그렇게 걱정할 일만은 아닐지도 몰라요.

과학자들은 석유에서 유래한 경유나 가솔린을 대신할 수 있는 물질을 찾기 위해 노력을 기울이고 있어요. 바이오 디젤이라는 말을 들어 봤나요? 바이오 디젤은 폐식용유나 식용으로는 가치가 떨어지는 식물성 지방을 이용해서 만드는 대체 연료예요. 지방에서 지방산을 분리하여 에스테르화 반응을 이용하여 만들어요. 지금 많은 나라에서 대체 연료로 사용하고 있어요. 우리나라에서도 일부 경유차에 바이오 디젤을 사용할 수 있는 것으로 알고 있어요.

경유가 가능하다면 휘발유는 어떨까요? 참, 경유와 휘발유의 차이점에 대해서 잠시 짚고 넘어갈까요? 경유와 휘발유 모두 석유로부터 정제된 연료로 경유의 끓는점이 휘발유보다 높아요. 실제로 경유는 분자 하나당 8개에서 21개의 탄소를 가진 탄화수소로 이루어져 있고, 휘발유를 이루는 탄화수소는 분자 하나당 4개에서 12개의 탄소를 가진다고 해요. 휘발유를 이루는 물질의 탄소 사슬의 길이가 경유 성분의 탄소 사슬의 길이보다 짧은 것이지요. 탄소 사슬의 길이가 길수록 분자가 더 크고, 큰 분자로 이루어진 물질은 끓는점이 더 높아요.

》대장균을 이용하여 《
바이오 가솔린을 생산하다

우리나라 KAIST의 이상엽 교수님 연구 팀에서 2013년 세계 최초로 대장균을 이용하여 바이오 휘발유, 즉 바이오 가솔린을 생산해 내었어요. 미생물이 생산하는 지방산은 세포막을 만들기 위한 재료로 쓰이기 때문에 탄소 사슬의 길이가 길어요. 그래서 디젤의 구성 성분인 탄화수소는 미생물을 통하여 비교적 쉽게 만들어 낼 수 있었지만 휘발유를 이루고 있는 탄소 사슬의 길이가 짧은 탄화수소는 미생물에서 만들기 힘들었어요.

이상엽 교수님 팀은 대장균의 유전자를 조작하는 방법을 이용하여 탄소 사슬의 길이가 짧은 바이오 가솔린을 만들어 내는 데 성공하였어요. 논문에 의하면 대장균 배양액 1리터당 0.5그램 정도의 바이오 가솔린을 생산해 낼 수 있다고 해요. 사실 이 양은 실

용적으로 이용할 수 있을 정도로 많은 양은 아니에요. 앞으로 좀 더 많은 연구가 진행되어 대장균으로부터 손쉽게 바이오 가솔린을 만들어 낼 수 있는 날이 오면 석유가 동나는 것 정도는 걱정할 필요가 없게 될까요?

38

냉동 인간은
언제
깨어날 수
있을까?

얼마 전 〈리얼라이브(Realive)〉라는 영화를 비행기 안에서 봤습니다. 리얼라이브, 다시 태어난다는 뜻이지요. 젊은 말기 암 환자가 자신의 죽음을 받아들이지 못해 냉동 인간이 되기로 선택하고 70년 후 깨어나서 겪게 되는 갈등을 다룬 영화입니다. 굳이 이 영화의 예를 들지 않더라도 냉동 인간은 많은 SF 영화와 소설의 소재로 사용됩니다. 현대 의학으로는 해결할 수 없는 질병과 맞닥뜨린 인간이 언제일지 모를 미래의 의학 발전을 기대하고 고를 수 있는 하나의 선택지로 남아 있는 것이지요.

우리나라에서도 지난 2018년 2월, 세계 4대 냉동 인간 서비스 회사 중 하나인 러시아의 크리오러스(KrioRus)가 서비스를 시작한다고 발표하였어요. 더 이상 다른 나라만의 이야기는 아닌 것이지요. 현재 전 세계적으로 약 250구의 인간이 냉동 상태로 보존되고 있어요. 과연 이들이 냉동에서 깨어나는 날이 돌아올까요?

》 액체 질소를 이용한 《
동결 보존

사실 영하 195도의 액체 질소는 실험실에서 흔히 볼 수 있어요. 저의 연구실에만 해도 액체 질소를 담는 커다란 통이 세 개나 있어요. 저는 여기에 배양 동물 세포들을 보관해요. 주로 인간의 암 조직에서 만들어진 암세포나 생쥐의 세포를 보관하지요. 왜 세포들을 꼭 액체 질소 통에 보관해야만 할까요? 저의 실험실에서는 끊임없이 기존의 세포에 새로운 유전자를 집어넣거나, 아니면 세포가 가지고 있는 유전자를 망가뜨리거나 하는 방법으로 유전자 변형 세포를 만들어요. 실험실의 역사가 길어지다 보니 저희가 만들어 낸 세포도 수십 여 종이 되고, 다른 연구자가 만들어 낸 세포도 분양 받아다가 실험에 사용하다 보니 실험실에서 가지고 있는 세포의 종류가 지금 백 가지가 넘어요.

배양 세포는 연구자가 가만히 앉아 있어도 혼자서 자라는 것이 아니고 적어도 이틀에 한 번씩 배양액을 갈아 주어야 하고, 배양 접시 안에 세포가 꽉 차면 솎아 내서 일부만 추려 다른 배양 접시로 옮겨 주는 행위인 '계대배양'을 해야 해요. 백 종이 넘는 많은 종류의 배양 세포를 일 년 동안 계속 유지하려니 그 수고가 만만치 않겠지요? 그 많은 종류의 세포를 계속 실험에 사용한다면 끊임없이 세포를 계대배양해야겠지만 대부분은 그냥 미래의 연구를 위해서 가지고만 있는 경우도 많아요. 이렇게 그냥 세포를 보존하고 있으려면 이들이 당분간 자라지 못하도록, 하지만 죽지는 않도록 적절한 처리를 해야 해요. 그것이 바로 액체 질소를 이용한 동결 보존이에요.

액체 질소는 물론 공짜가 아니에요. 그리고 완전히 단열을 한 용기에 액체 질소를 보관한다고 하더라도 조금씩 액체 질소가 기화되어 날아가므로 일정 간격으로 액체 질소를 보충하는 데 돈이 들어요. 저의 연구실도 액체 질소만 보충하는 데 한 달에 이십만 원 정도가 든답니다. 손가락 한 마디 길이의 시험관에 담긴 세포를 보관하는 데도 저 정도 가격의 액체 질소가 필요한데 인간 몸 전체를 얼리려면 얼마나 많은 양의 액체 질소가 필요하고, 또 얼마나 크고 정밀한 단열 용기가 필요할까요? 그렇기 때문에 자신의 몸을 냉동 인간으로 보존하려면 회사마다 다르지만 적어도 몇 천만 원 정도의 돈이 든다고 해요.

이렇게 많은 돈이 들기 때문에 냉동 인간이 과연 믿을 만한 기술인가에 대해서 논란이 많아요. 인간의 몸을 냉동하는 것이야가능하겠지만 다시 녹였을 때 냉동 인간을 살릴 수 있는 상태로 얼릴 수 있느냐의 여부가 항상 논쟁의 대상이 되지요. 배양 세포의 경우도 얼렸다가 다시 녹일 경우 세포 안에서 생겨날 수 있는 얼음 결정 때문에 충격을 받을 수 있어서 얼음 결정이 생기지 않게 하는 시약에 세포를 현탁하여 액체 질소에 보관해요. 세포 하나의 냉동도 이렇게 간단하지 않은데 인간의 몸 전체를 냉동하는 과정은 더 복잡해요. 일단 몸속의 혈액을 모두 제거하고 얼음 결정을 최소한으로 만들 수 있는 특수 용액을 대신 집어넣게 되지요.

》 실험동물 중에서 《
예쁜꼬마선충만 되살렸다고?

포유동물을 냉동시켰다가 되살린 실험 결과는 아직 없어요. 실험동물 중에서도 예쁜꼬마선충만이 액체 질소에 보존 후 되살리는 것이 가능해요. 초파리도 냉동 보관이 불가능해요. 2005년 냉동 생물학회에서 발표한 내용에 의하면 토끼의 콩팥을 영하 135도에 저장하였다가 해동해서 성공적으로 토끼에게 이식한 사례가 있다고 해요.

　향후 냉동 보존 기술이 발전하게 되면 언젠가는 얼려져서 보관되고 있는 냉동 인간들을 성공적으로 해동시킬 수 있는 날이 올지도 몰라요. 냉동 인간 기술을 비관적으로 보는 사람들은 냉동 인간을 해동하려고 시도하는 날이 바로 냉동 인간 사업의 마지막 날이 될 것이라고 주장해요.

여러분은 결빙 방지 단백질이라고 들어 봤나요? 차가운 물속에서 사는 어류가 자신의 몸 안에서 얼음 결정이 커지는 것을 막기 위해서 세포 안에 가지고 있는 단백질이 결빙 방지 단백질이에요. 냉동 인간의 몸 안에서 얼음 결정이 커져서 조직을 파괴하는 것이 지금은 가장 큰 문제인데, 언젠가는 냉동 단백질과 같은 관련 기술이 이러한 문제들을 해결해 줄지도 몰라요.

39

실험실을
칩 위에
올려놓는다고?

과학과 기술이 발전함에 따라 각종 기계 장치의 크기는 점점 작아지고 있어요. 생명 과학에서 사용되는 여러 실험 기기들도 점점 크기가 작아지고 있지요. 예전에는 DNA의 염기 서열 분석을 위해서 김치냉장고만큼 큰 기계를 사용하였지만 지금은 손가락만 한 기계로도 같은 실험이 가능해요. 실험 기계의 크기를 줄일 뿐 아니라 아예 실험실의 여러 기계를 축소해서 조그만 칩 위에 올려놓은 것을 랩온어칩(lab on a chip)이라고 불러요. 네, 뭐라고요? 실험실 자체를 작은 칩 위에 올려놓으면 실험은 도대체 누가 하냐고요? 사람의 크기를 줄일 수는 없을 테니까 미생물이나 곤충이 실험을 대신 해 주냐고요? 그런 것은 아니에요.

》실험을 《
편리하게 해 주는 랩온어칩

생명 과학 관련 실험실에서 연구자들이 하는 실험은 한 시험관 안에 있는 액체를 다른 시험관의 액체와 섞거나, 액체의 온도를 변화시키거나, 아니면 액체의 성분을 크로마토그래피나 전기영동 등의 방법을 이용하여 분리하는 것이 대부분이에요. 생명 과학자들이 관심을 갖는 분자는 물에 녹아서 세포 안에서 둥둥 떠다니는 분자가 대부분이기 때문에 이러한 분자들이 수용액에 녹아 있는 상태로 연구를 진행하지요.

그렇기 때문에 랩온어칩에서는 조그만 칩 위에 미세한 액체가 흐를 수 있는 유로라는 길을 만들어서 여러 액체들이 섞이고 가열되는 반응들을 작은 스케일로 줄여서 가능하게 해 줘요. 또한 열을 내는 코일 등을 칩 아랫부분에 넣어서 반응의 온도도 조절할 수 있지요. DNA의 일부분을 증폭하는 PCR(중합효소연쇄반응, polymerase chain reaction)이라는 실험 기법을 들어 봤나요? 원래 연구자가 직접 PCR을 수행하려면 실험에 사용될 여러 시약을 일일이 조금씩 덜어서 시험관에 넣은 다음 온도 조절이 가능한 PCR

기기에 시험관을 넣고, 반응이 끝나면 시험관 내용물을 꺼내 증폭
된 DNA를 확인하는 여러 스텝을 거치게 되어요. 하지만 랩온어
칩을 사용하면 이러한 모든 것들을 칩 위에서 한 번에 수행할 수
있어요. 액체들이 칩 위의 미세 유로를 따라 흘러가면서 DNA 추
출 반응, 증폭 반응, 증폭된 DNA의 검출 등이 모두 자동적으로 진
행되는 것이지요.

» 고깃집에서 한우인지 아닌지 «
바로 안다고?

이러한 랩온어칩은 대학이나 연구소의 실험실에서 수행하는 기초 연구보다는 산업적인 응용 가능성이 더 높아요. 실제로 고깃집에서 파는 소고기가 정말 한우인지 알고 싶을 경우 특이적인 한우 유전자의 DNA 염기 서열을 PCR로 증폭하여 확인하는 방법을 사용하게 됩니다. 이러한 분석을 위해서는 한우 샘플을 실험실로 보내야 하고 적어도 반나절은 걸려야 결과를 얻을 수 있어요. 하지만 랩온어칩을 이용하면 이론적으로는 식당 현장에서 금방 결과를 얻을 수도 있어요. 고기를 아주 조금 떼어서 칩 위에 올리기만 하면 돼요.

랩온어칩을 한 단계 더 응용한 '장기온어칩(Organ on a chip)'이라는 것도 있어요. 〈사이언스〉라는 학술지에 2010년 인간의 허파를 칩 위에 모사한 '장기온어칩'에 대한 논문이 발표되었어요. 허파에서 일어나는 기체 교환과 호흡에 의한 허파 상피 세포의 움직임을 조그만 칩 위에 허파 상피 세포, 혈관 내피세포 등을 배양하여 만들어 흉내 낸 것이죠. 콩팥에서 일어나는 혈액의 투석 작용을 모사한 신장칩, 심장 근육 세포의 수축을 연구하기 위한 심장칩 같은 것이 그동안 개발되었어요. 이러한 장기온어칩이 좀 더 발전하면 실험동물을 희생시키거나 장기를 적출하지 않아도 많은 실험을 수행할 수 있을 것이라고 과학자들은 예상하지요.

40

새로운 생명체를 만들 수 있을까?

여러분은 합성 생물학이라는 생명 과학의 새로운 분야에 대해서 들어 봤나요? 합성 생물학은 기존의 유전자를 조작해서 조금 다른 단백질을 만드는 생명체를 만든다든가, 아니면 대장균에서 인간의 호르몬을 생산한다든가 하는 유전 공학이나 생명 공학적인 방법에서 한 단계 더 나아가, 지금까지 자연 세계에 존재하지 않는 새로운 생명체를 만들거나 기존의 생물들을

근본적으로 재설계하여 제작하는 것에 대한 학문이라고 해요.

》새로운 생명체를 만드는 《
합성 생물학

2015년 개봉한 〈쥬라기 월드〉라는 영화를 기억하나요? 〈쥬라기 월드〉는 〈쥬라기 공원〉의 후속작 시리즈이지요. 전작인 〈쥬라기 공원〉 시리즈에서는 멸종한 공룡의 피를 빨았던 모기로부터 추출한 공룡의 DNA를 이용하여 기존의 공룡을 복원하는 장면이 소개되었지요. 〈쥬라기 월드〉 시리즈에서는 한술 더 떠 여러 공룡의 유전자와 개구리, 오징어의 유전자를 섞어서 합성해 낸 기존에 존재하지 않았던 인도미너스 렉스라는 이름의 새로운 공룡이 출연해요. 인도미너스 렉스는 〈쥬라기 공원〉 시리즈에서 높은 지능을 가진 공룡으로 출연하였던 벨로시랩터의 지능과 개구리의 온도 적응 능력, 오징어의 위장 능력까지 모두 지니고 있는 공룡으로 묘사되었지요. 물론 가상의 영화 속 내용이지만 합성 생물학을 적용한 아주 좋은 예라고 할 수 있겠네요.

그렇다면 이렇게 유전자를 이용하여 여러 다른 생물의 장점만을 가지고 있는 신종 생명체를 창조할 수 있을까요? 아직까지 우리의 분자 생물학 기술은 그 정도로 발전하지 못한 것 같아요. 인간의 모든 유전자의 염기 서열을 알아보고자 시작된 인간 유전체 프로젝트(human genome project)는 1990년에 시작하여 2003년에 끝을 보았지요. 인간이 가지고 있는 30억 쌍의 DNA 염기 서열의 분석이 모두 끝난 것이에요. 사실 인간 유전체 프로젝트가 끝나게 되면 각종 난치병이 발생하는 원인과 같은 인간 유전자의 많은 비밀을 알 수 있을 것이라 생각했지만, 확실하게 알게 된 것은 인간의 유전자의 개수가 3만 개 미만으로 생각보다 굉장히 적다는 사실 정도였지요.

유전자의 염기 서열을 빠르고 정확하게 분석하는 기술이 발전하면서 한 개체가 가지고 있는 모든 유전자, 즉 유전체(게놈)의 염기 서열을 분석하는 것이 그다지 어렵지 않게 되었어요. 현재는 예쁜꼬마선충, 초파리 등과 같은 실험용 생물뿐 아니라 많은 다른 생물 유전체의 DNA 염기 서열이 모두 파악되었어요. 자, 그렇다면 생물의 설계도라고 할 수 있는 유전체의 DNA 염기 서열을 모두 알고 있으면 이러한 생물의 유전체 일부를 여기서 뽑아내고 저기서 뽑아내어 우리가 원하는 대로 섞어 새로운 생명체를 창조해 낼 수 있을까요? 예를 들어 초파리와 더불어 모기의 유전체 염기 서열도 이미 분석이 끝났으니, 초파리의 눈을 만드는 유전자를 모기의 유전체로 옮기면 초파리의 눈을 가진 모기를 만들 수 있을까요? 이러한 유전체 편집은 생각처럼 그렇게 쉬운 일이 아니에요.

》DNA 염기 서열의 의미를《
완전히 이해해야 돼

왜 그러냐고요? 인간의 유전체에 존재하는 30억 염기쌍의 DNA 서열을 우리는 모두 알고 있지만 그 많은 정보가 무엇을 의미하는

지 완전히 이해하지는 못하였어요. 우리가 알게 된 것은 단백질을 만드는 정보를 가지고 있는 유전자에 관한 지식 정도에 불과하고 실제로 유전체의 대부분은 무슨 정보를 가지고 있는지 아직도 완벽하게 이해하지 못하고 있어요.

합성 생물학적인 방법으로 여러 생물들의 유전자를 섞어서 새로운 생명체를 실험실에서 만들어 내려면 이러한 각 생물의 유전체 DNA 염기 서열이 의미하는 바를 완전히 이해하고 있어야 해요. 그러려면 지구상에 존재하지 않았던 유전자 조합을 지닌

DNA를 일렬로 쭉 화학적인 방법으로 실험실에서 합성하여, 이러한 인공 유전체로부터 새로운 생명체가 태어나게 하는 실험이 성공해야만 하겠지요. 즉 유전체의 모든 DNA 염기 서열을 1번부터 몇 십억 번째까지 하나하나 다 그 의미를 알고 배열할 수 있는 능력이 있어야지만, 합성 생물학적인 방법을 통해 유전자를 조합하여 새로운 생명체를 실험실에서 만들어 낼 수 있게 될 것이라고 저는 생각해요.

현존하는 생명 과학의 여러 분야 중 가장 미래 지향적이고 충격적인 결과를 가져올 수 있는 합성 생물학에 대한 이야기로 제 이야기를 마치려고 해요. 생명 과학이 현재의 속도로 계속 발전한다면 SF 소설이나 영화에서 상상으로만 이루어지던 일들이 앞으로 몇 십 년 안에 실제로 우리 주변에서 일어나게 될지도 몰라요. 이 책을 읽는 여러분이 미래 생명 과학의 새로운 도약의 문을 여는 주인공이 되기를 진심으로 바라면서 이만 저의 이야기를 마치도록 할게요.

그동안 생명 과학 공부 재미있었지요? 궁금한 것 있으면 질문해 보세요.

교수님, 현재는 생명 과학의 시대라고 하는데 아직까지는 정보 과학이나 기타 과학 분야가 더 유망한 것 같아요. 도대체 생명 과학의 시대는 언제 오나요?

좋은 질문이야. 나도 궁금했거든.

더운데 가발 좀 벗고 얘기할게. 사실 인간이 앓고 있는 온갖 난치병 중에 비교적 치료가 쉬울 것이라고 생각했던 탈모증도 확실한 치료법이 아직 없지.

어머 깜짝이야!

줄기세포도 치료에 응용하려면 암세포로 분화할 가능성이 완전히 없어져야 해.

표적치료

신약

항체치료

암세포들도 자꾸 치료제에 저항성을 나타내서 아직 완벽한 암의 정복은 일어나지 못했지.

인간 유전체 프로젝트가 끝난 후 확실히 알게 된 것은 아직 우리가 유전자에 대해 모르는 것이 더 많다는 것이야.

인간 유전체의 숨은 기능을 알아내기 위해 정보 과학을 접목한 생물 정보학이 앞으로 더 많이 중요해질 거야.

```
GATTTCCCAGGAGGAGTTTGGCAACCAGTTCCAAAAGGCT
TTCCATGAGATGATCCAGCAGATCTTCAATCTCTTCAGCACA
CTTGGGATGAGACCCTCCTAGACAAATTCTACACTGAACTC
GACCTGGAAGCCTGTGATACAGGGGTGGGGGTGACAGAG
AGGACTCCATTCTGGCTGTGAGGAAATACTTCCAAAGAATC
GAAGAGAAATACAGCCCTTGTGCCTGGGAGATTTAAGAAGTAAG
TTTTCTTTGTCTCAACAAATTGCAAGAAAGTTTAAGAAGTAAG
GCCTCAAACCCACAGCGGTGAGGTAGCAGGAGGGACCTTGATGC
GAGAGTCCCTGTTCTTTCTTCTTCTTGTTGAAGGACACATAT
```

컴퓨터 공학 같은 다른 학문과 접목하여 미래의 생명 과학은 지금보다 훨씬 더 발전할 거야.

빨리 코딩 학원 가자.

질문하는 과학 02

세포 짠 DNA 쏙 북적북적 생명 과학 수업

초판 1쇄 발행 2018년 6월 30일
초판 3쇄 발행 2020년 6월 15일

지은이 신인철
펴낸이 이수미
편집 이해선
북 디자인 신병근
마케팅 김영란

종이 세종페이퍼 인쇄 두성피엔엘 유통 신영북스

펴낸곳 나무를 심는 사람들
출판신고 2013년 1월 7일 제2013-000004호
주소 서울시 용산구 서빙고로 35 103-804
전화 02-3141-2233 팩스 02-3141-2257
이메일 nasimsabooks@naver.com
블로그 blog.naver.com/nasimsabooks

ⓒ 신인철, 2018
ISBN 979-11-86361-77-1
     979-11-86361-74-0(세트)

- 이 도서의 국립중앙도서관 출판예정도서목록(CIP)은
  서지정보유통지원시스템 홈페이지(http://seoji.nl.go.kr)와
  국가자료공동목록시스템(http://www.nl.go.kr/kolisnet)에서 이용하실 수 있습니다.
  (CIP제어번호:CIP 2018018609)

- 책값은 뒤표지에 있습니다. 잘못된 책은 바꾸어 드립니다.